中国起源作物保护与利用研究系列丛书

寒地野生大豆资源保护策略与技术规程

主　编　毕影东　来永才　陆静梅

哈尔滨工程大学出版社
Harbin Engineering University Press

内容简介

本书基于编者多年对寒地野生大豆资源保护与利用的研究,全面系统地介绍了寒地野生大豆资源保护现状、保护内容和原则、原生境保护,以及寒地野生大豆资源收集与异地保存、种质库保存、种质圃繁殖与更新等内容。希望本书能够对我国起源作物遗传多样性保护研究起到推动作用。

本书可供从事资源保护与利用研究的广大科技工作者及大专院校相关专业师生阅读参考。

图书在版编目(CIP)数据

寒地野生大豆资源保护策略与技术规程/毕影东,来永才,陆静梅主编. — 哈尔滨:哈尔滨工程大学出版社,2022.7

ISBN 978－7－5661－3560－5

Ⅰ.①寒⋯ Ⅱ.①毕⋯ ②来⋯ ③陆⋯ Ⅲ.①寒冷地区－野生植物－大豆－种质资源－研究－中国 Ⅳ.①S565.102.4

中国版本图书馆 CIP 数据核字(2022)第 094057 号

寒地野生大豆资源保护策略与技术规程

HANDI YESHENG DADOU ZIYUAN BAOHU CELÜE YU JISHU GUICHENG

选题策划　薛　力　张志雯
责任编辑　张　彦　关　鑫
封面设计　李海波

出版发行　哈尔滨工程大学出版社
社　　址　哈尔滨市南岗区南通大街145号
邮政编码　150001
发行电话　0451－82519328
传　　真　0451－82519699
经　　销　新华书店
印　　刷　哈尔滨午阳印刷有限公司
开　　本　787 mm×1 092 mm　1/16
印　　张　10
字　　数　226千字
版　　次　2022年7月第1版
印　　次　2022年7月第1次印刷
定　　价　48.00元

http://www.hrbeupress.com
E-mail:heupress@hrbeu.edu.cn

编 委 会

顾　问	陈受宜	董英山	喻德跃			
主　编	毕影东	来永才	陆静梅			
副主编	李　炜	王　玲	梁文卫	杨　光	孙中华	
编　委	孔凡江	贺超英	张劲松	刘　淼	邸树峰	刘建新
	樊　超	李　锋	刘　凯	孙连军	张恒友	高　媛
	武　琦	韩德志	刘鑫磊	王金星	唐晓飞	李灿东
	韩冬伟	马延华	郑　伟	袁　明	王燕平	宋豫红
	贾鸿昌	来艳华	侯国强	李　岑	任　洋	姜　辉
	刘　琦	刘昊飞	刘媛媛	李佳锐	王晓梅	吕世翔
	陈　磊	赵　普	汪　博	唐晓东	李一丹	李国泰
	王连霞	张静华	王明洁	王江旭	刘　明	
主　审	龚振平					
副主审	景玉良	鹿文成	栾晓燕	毕洪文		

前言

大豆起源于中国，是重要的粮油饲兼用作物。多年来，我国大豆严重依赖进口，大豆供给安全面临严峻挑战。与其他发达的大豆主产国相比，我国大豆品种创新不足，种质资源利用滞后，这些成为我国大豆种业发展"卡脖子"的问题。大豆种质资源是现代大豆种业发展的基础，也是品种选育的基石，更是国家的战略资源。野生大豆是栽培大豆的近缘祖先种，是世界公认的可用于拓宽大豆遗传基础的重要基因资源，在新种质创制方面蕴藏着巨大潜力。利用野生植物抗旱、抗盐、抗病、高产等基因进行种质创新，已成为大豆研究方面国际科技发展的新方向和新领域。

加强对寒地野生大豆资源的保护与利用的研究，对于提升我国大豆种业的竞争力、建设现代种业强国具有重要意义。全书共分六章，第一、二章主要介绍了寒地野生大豆资源保护现状及保护内容和原则等，包括作物种质资源保护的意义、寒地野生大豆资源保护对象与原则等；第三章主要介绍了寒地野生大豆资源原生境保护，包括原生境保护原理、策略和技术等；第四章主要介绍了寒地野生大豆资源收集与异地保存，包括寒地野生大豆资源的考察与收集，以及异地保存技术；第五章介绍了寒地野生大豆资源种质库保存，着重介绍了种质库保存原理与技术，具体包括种子生活力监测与预警等，并提出了寒地野生大豆种质资源种质库种子操作处理程序和管理运行流程；第六章介绍了寒地野生大豆种质圃繁殖与更新，包括种质圃保存原理和技术，对种质圃保存的遗传多样性范畴、影响植株安全保存的因素，以及寒地野生大豆种质圃繁殖、更新技术及信息化管理做了详细阐述。

本书的出版得到了黑龙江省杰出青年基金"大豆抗腐酶根腐病基因功能解析及育种应用研究"（JQ2019C003）、黑龙江省省属科研院所科研业务费专项计划"基于合理轮作的大豆产量、品质提升关键技术研究与应用"（CZKYF2020C004）、黑龙江省"揭榜挂帅"科技攻关项目"第五积温区大豆极早熟高产品种重茬障碍消减增技术研究与示范"（2021ZXJ05B011）、国家重点研发计划政府间国际科技合作重点专项"牧草和豆类作物育种以提高欧盟和中国蛋白质自给"（2017YFE0111000）和中欧国际合作地平线2020项目"Breeding forage and grain legumes to increase EU's and China's protein self-sufficiency（727312—EUCLEG）"的资助，在此一并表示感谢！

编　者
2022年3月

目 录

第一章 寒地野生大豆资源保护概述 ·· 1
   第一节 作物种质资源保护的概述 ·· 1
   第二节 寒地野生大豆资源保护现状 ·· 7
   第三节 寒地野生大豆资源保护的重要意义 ································ 15
   参考文献 ·· 17

第二章 寒地野生大豆资源保护内容和原则 ··································· 20
   第一节 种质资源保护的含义与内容 ······································· 20
   第二节 寒地野生大豆资源保护对象与原则 ······························· 22
   参考文献 ·· 24

第三章 寒地野生大豆资源原生境保护 ·· 26
   第一节 寒地野生大豆资源原生境保护的意义、原理及种质资源原生境保护的模式 ·· 26
   第二节 寒地野生大豆资源原生境保护区建设、现状及原生境保护策略 ······ 30
   第三节 寒地野生大豆资源原生境保护技术 ······························· 35
   参考文献 ·· 41

第四章 寒地野生大豆资源收集与异地保存 ··································· 44
   第一节 寒地野生大豆资源的考察与收集 ·································· 44
   第二节 寒地野生大豆资源的异地保存 ···································· 52
   参考文献 ·· 53

第五章 寒地野生大豆资源种质库保存 ·· 55
   第一节 种质库保存原理 ··· 55
   第二节 种质库保存技术 ··· 77

参考文献 ·· 88

第六章　寒地野生大豆种质圃繁殖与更新 ·· 91
　　第一节　种质圃保存原理 ··· 91
　　第二节　种质圃保存技术 ··· 94
　　参考文献 ·· 106

附录　相关地方标准 ·· 108
　　寒地野生大豆资源性状描述规范 ·· 108
　　寒地野生大豆资源考察收集技术规程 ·· 115
　　寒地野生大豆资源品质和抗逆性鉴定技术规程 ··· 121
　　寒地野生大豆资源扩繁更新技术规程 ·· 126
　　寒地野生大豆资源整理技术规程 ·· 131
　　栽培大豆和野生大豆杂交技术规程 ··· 135
　　寒地野生大豆种质资源超低温保存技术规程 ·· 140
　　寒地野生大豆种质资源原产地生物多样性监测技术规程 ································ 145

第一章 寒地野生大豆资源保护概述

第一节 作物种质资源保护的概述

一、作物种质资源保护的含义

(一) 作物种质资源的概念

种质资源是亲代向子代传递遗传物质的生物载体,其实质是植物的基因资源,是选育植物新品种的基础材料,是育种的物质基础。作物种质资源(即农作物种质资源)通常是指携带各种遗传物质(基因)的栽培植物及其野生近缘植物(CWR)。广义来看,作物是指对人类有价值并为人类有目的地种植及收获、利用的一切植物。科学家早在20世纪30年代就注意到了农作物种质资源的重要性,以苏联植物育种学家和遗传学家瓦维洛夫为首的科学家曾组织全球的专家在世界范围内对种质资源进行收集、整理、分类。而今,人类社会正面临着世界范围内的农作物种质资源大消亡,农作物种质资源的保护、收集、保存和开发利用显得越发重要,保护和保存农作物种质资源已经成为国际共识。我国农作物种质资源种类繁多、类型多样、数量巨大。据《中国粮食和农业植物遗传资源状况报告》(2011)统计,我国的粮食作物有103个栽培物种,311个野生近缘种。为了更好地整理和整合我国的农作物种质资源,提高资源的利用效率和效益,我国科学技术部(简称"科技部")于2003年启动了国家农作物种质资源平台的建设。该平台建成后对全国的农作物种质资源开展考察、收集、编目、保存、监测、更新、评价、鉴定等工作,统一了全国农作物种质资源的度量指标,创建了农作物种质资源科学分类,统一了编目、描述规范体系,对农作物种质资源收集、整理、保存、评价、鉴定、利用全过程进行了质量控制,保证了资源实物和信息的质量。国家农作物种质资源平台的建设对于我国农作物种质资源的长期保护、开发和利用具有重要作用,意义巨大。然而我国的农作物种质资源保护情况仍不乐观,据2015年开始的"第三次全国农作物种质资源普查与收集行动"对我国农作物种质资源全面普查的情况来看,我国地方品种和主要作物野生近缘种正呈现加速丧失趋势,据初步统计数据显示,我国主要粮食作物地方品种的数目,1956年有11 590个,2014年仅剩3 271个,丧失比例高达71.8%。

(二)作物种质资源分类

作物种质资源的种类很多,其分类标准也较多。作物种质资源按照用途和农艺学特性可分为粮食作物种质资源、经济类作物种质资源、蔬菜作物种质资源等;按照作物种质资源来源可分为本地的作物种质资源、外地的作物种质资源等;按照育种实用性可分为现代优良品种或高产品种、主要商品品种、次要品种、过时类型、育种材料、突变体、原始类型等;按照生物科学通用的分类标准可分为界、门、纲、目、科、属、种等。关于前两种分类方法的介绍如下。

1. 按照用途和农艺学特性分类

作物种质资源大致可分为粮食作物种质资源、经济类作物种质资源、蔬菜作物种质资源、果树作物种质资源、花卉作物种质资源、药用作物种质资源、饲用及绿肥作物种质资源、林木作物种质资源8类。

(1)粮食作物种质资源又包括谷类、豆类和薯类。谷类作物种质资源大部分属于禾本科,代表作物有小麦、大麦、燕麦、稻、玉米、谷子、高粱等;豆类作物种质资源属于豆科,主要包括大豆、花生、蚕豆、豌豆、鹰嘴豆等;薯类作物种质资源包括甘薯、木薯、豆薯、菊芋等。

(2)经济类作物种质资源包括纤维类、糖料类、饮料类、染料类、香料类、嗜好类、调料类。

(3)蔬菜作物种质资源包括根菜类、甘蓝类、芥菜类、绿叶菜类、葱蒜类、茄果类、瓜类、芽苗类、水生菜类、食用蕈菌类等。

(4)果树作物种质资源包括仁果类、浆果类、核果类、坚果类、柑果类、聚花果类等。

(5)花卉作物种质资源包括一年生类、二年生类和多年生类。

(6)药用作物种质资源包括根及根茎类、全草类、果实和种子类、茎和皮类、花类等。

(7)饲用及绿肥作物种质资源包括栽培牧草、饲用型食用作物等。

(8)林木作物种质资源包括阔叶类、针叶类等。

2. 按照作物种质资源来源分类

(1)本地的作物种质资源

本地的作物种质资源可以分为地方品种和改良品种。地方品种一般具有特定的适应性和耐逆性,适合当地的饮食、消费或栽培习惯。地方品种没有经过现代育种技术的改良,大多数已经不能满足当今农业生产的需求而被新品种取代。但是,地方品种往往具有某些罕见特性,是最具有遗传价值和育种潜力的种质资源。改良品种是经过现代育种技术改良并已在当地推广应用的品种,通常在原有地方品种的基础上进行了较大的改进,具有较好的丰产性、较广的适应性和耐逆性。相较于地方品种,改良品种的遗传多样性较单一,即基因库较狭窄。

(2)外地的作物种质资源

外地的作物种质资源,即外地品种,指从其他国家或国内不同气候区引进的农作物品种。外地品种往往具有本地品种没有的遗传特性,可以作为改良本地品种的重要材料。但外地品种对当地生态条件的适应性一般不如本地品种。对于外地品种,主要可以通过以下几种方式加以利用:第一,某些可以适应本地区生态环境及生产条件的外地优良品种,可以直接加以推广利用;第二,被引进后,由于生态条件的改变,遗传性状可能发生变异的外地品种,可以作为选择育种的材料;第三,可以作为杂交育种的亲本,与本地品种进行杂交,以获得丰富的遗传变异品种。

(3)野生的种质资源

野生的种质资源是指各种作物的近缘野生种,也可泛指一切可利用的野生物种。野生的种质资源是生物进化过程中长期自然选择的结果,往往具有作物所缺少的重要性状,如高度的耐逆性、雄性不育特性以及其他的独特品质,在育种上可以作为培养耐逆性新品种的优良亲本。野生的种质资源遗传多样性丰富,是作物育种的源泉。

(4)人工创造的种质资源

通过各种途径(如诱变、细胞融合、导入外源基因等)对自然界原有种质进行改造,所创造出的各种突变体以及育种中间材料都可以称为人工创造的种质资源。人工创造的种质资源具有比自然种质资源更为丰富的遗传性状。许多人工创造的种质资源虽不能在生产中直接利用,但可作为培育新品种的宝贵资源。

(三)作物种质资源特性

1. 作物种质资源的区域性

作物种质资源都具有适应生长繁殖区域和生态条件的能力,其生物学特性与特定的自然生态环境是相适应的,这是自然环境对植物的选择,也是植物本身不断进化演变以适应生存环境的结果。

2. 作物种质资源的时段性

每个物种只能在一定的历史时期繁衍生息,作物种质资源也一样,只能在特定的历史时期存在并发挥作用。作物种质资源除了经受自然淘汰外,同样受到人为的破坏消亡和选择淘汰。例如,许多古老的地方品种随着人类耕作栽培制度的改革与创新、人类对作物品种的产量及品质要求的不断提高,已无法满足人类需求而被淘汰,加之农业育种技术不断提高,育种速度不断加快,使作物品种不断推陈出新,更迭速度不断加快。

3. 作物种质资源的特异性、一致性和稳定性

每一种作物种质资源在形态或生理上都具有一个或几个有别于其他同类种质资源的特异性特征(特异性),而同一种作物种质资源在相同的生态条件下又会表现出一致的形态和生理特征(一致性),而且这一形态和生理特征在特定的生态条件下会长期保持(稳定性)。

4. 作物种质资源的不可再生性

不论是人类社会创造的作物种质资源,还是自然界保存下来的作物种质资源,其数量都是有限的。作物种质资源是人类生存发展的必要条件,但对其不可能无限量地进行生

产。无数个鲜活的事例告诉我们,伴随自然选择、人类破坏与淘汰,一种或一类作物种质资源如果保护不利随时都有消亡的危险,而且一旦消亡就很难再被创造出来。

5. 作物种质资源的服务生态性

作物种质资源作为生物多样性的重要组成部分,其多样性对维持整个生态系统具有重要的意义。作物种质资源对于整个生态系统中种间基因流动和物种的协同进化具有巨大贡献。

6. 作物种质资源的应用性

作物种质资源是作物基因遗传和品种选育的物质基础。新品种选育离不开作物种质遗传基因的多样性,而任何技术都不能制造出基因。育种实质上就是种质资源的再加工应用。由于作物种质资源在作物育种中的应用,1949年以来,我国主要作物品种不断更新换代,对粮、棉、油的单产和总产的提高起了巨大作用,给农业生产带来了显著的经济效益和社会效益。

二、作物种质资源保护的意义

作物种质资源作为农业发展的战略性资源,是生物多样性的重要组成部分,是作物起源、进化等的物质基础,是培育作物新品种、发展生物技术、促进农业发展的基本条件,也是人类起源、生存、繁衍的物质基础。作物种质资源减少甚至灭绝对于农业发展的影响是致命的,也是无法挽回的,直接威胁到人类自身的生存。因此,作物种质资源是一个国家具有重要价值和战略意义的资源,而对作物种质资源的保护和有效开发利用则是社会与经济可持续发展的基础。作物种质资源是在不同的自然条件与耕作制度下,经漫长的自然选择和人工选择演变形成的。这些种质资源经长期自然选择和人工选择,能够深刻反映其对特定区域土壤、气候等环境因素顽强的抗性和耐性。野生种质资源是栽培作物种质的近缘祖先种,所有栽培作物均由野生植物(或从野生植物中筛选出的特殊种质)经杂交育种而成,作物野生种质资源具有许多栽培种质资源没有的耐性、抗性等基因资源,是现代农业发展的重要物质基础;人工创造的种质资源是通过人为近缘杂交、远缘杂交、诱变等手段创制的新种质。这些作物种质资源积累了自然选择和人工选择的遗传变异,蕴藏着极其丰富的基因类型,是人类进行新品种选育和发展农业生产的物质基础,也是进行作物遗传、分类、起源和进化等基础生物学研究的基础材料。

我国幅员辽阔,拥有复杂多样的生态环境和延续几千年的农耕文明,由此保存并催生了类型众多、数量巨大的作物种质资源。我国是人口大国,粮食安全是关乎14亿人吃饭的大事。我国也是农业大国,作物种质资源保护是保障国家农业长期稳定发展和国家粮食安全的大事。未来农业发展很大程度上取决于对种质资源的挖掘和有效利用。谁占有数量大、种类多的种质资源,谁就有希望在未来农业、林业生产中做出贡献并占有主导权。因此,世界各国普遍将种质资源定位为国家战略资源,对其加大保护力度,并把研究和利用种质资源作为推动农业、林业可持续发展,保障粮食安全的一项重要措施。

谁占有种质资源,谁就掌握了选育品种的优势,谁就具备了种业竞争的主动权。从国家层面看,优异种质资源事关国家核心利益,其收集、保护和利用受到各国政府的普遍重视。美国拥有全球最完善的国家植物种质资源体系,目前保存种质资源总量达56万份,位居世界第一,其中80%的种质资源是政府组织从世界各国收集的。我国大豆种质资源成就了美国大豆产业的发展,丰富的种质资源是美国成为世界种业强国的有力保障。我国有水稻种质资源8万余份,利用丰富的水稻种质资源培育的杂交稻品种,已占全球杂交稻市场份额的80%以上。从企业层面看,对优异种质资源的占有数量和利用程度,已经成为塑造企业核心竞争力的关键。美国先锋公司拥有世界最大的玉米种质资源库,覆盖了全球60%的玉米种质资源,培育的具有竞争优势的系列品种,占全球玉米市场份额的20%。荷兰瑞克斯旺公司利用抗蚜虫种质资源选育的抗蚜生菜品种,占据了欧洲生菜市场份额的70%。国内外实践证明,种业的竞争最终体现在种质资源的竞争上。因此,应加强对作物种质资源的保护与利用,通过深度鉴定与发掘,为我国种业、农业发展提供丰富的优异种质资源,从而全面提升我国种业的国际竞争力。

我国对作物种质资源有计划、有系统地进行收集与保护开始于1955年。在金善宝、戴松恩等老一辈科学家的呼吁下,1955—1956年,由国家农业部(现为中华人民共和国农业农村部)发文,首次向全国征集作物种质资源,此次共征集作物种质资源20万余份,并分散保存于中国农业科学院和各省相关农业科学院。1978年,中国农业科学院成立作物品种资源研究所(现已与原作物育种栽培研究所、原子能利用研究所的作物育种部分重组为中国农业科学院作物科学研究所),在中国农业科学院作物品种资源研究所的主持下,于1979—1984年进行了全国作物品种资源补充征集工作,共补充征集作物种质资源11万余份,与此同时还开展了水稻、大豆、果树、小麦等野生近缘植物的全国专业性考察和种质资源收集工作。2015年,"第三次全国农作物种质资源普查与收集行动"启动,截至2018年底,收集资源4.2万份,有效丰富了我国作物种质资源战略储备。我国作物种质资源保护与利用工作发展迅速,现已相继建成并完善了由1座长期库、1座复份库、10座中期库、43个种质圃、205个原生境保护点以及种质资源信息中心组成的国家农作物种质资源保护体系;成立了农业农村部农作物种质资源保护与利用中心,入库保存的种质资源总量已突破52万份。库存种质资源种类隶属35科192属712种,其中稀有植物、珍稀植物和野生近缘植物约占10%,很多都是我国特有的。这些种质资源蕴藏着巨量、潜在可利用基因,是国家重要的战略资源。中国农业科学院新的国家作物种质资源库于2021年建成并试运行,可保存150万份种质资源,极大提升了我国种质资源保护能力。

随着人类社会的繁荣进步和生物技术的迅猛发展,作物种质资源作为人类生存和发展的关键性战略资源,对其研究的重要性不言而喻。第一,作物种质资源是人类生存和发展的战略性资源。在自然界的食物链中,植物是动物生存的基础,人类同样毫不例外地依赖植物的生产。农业是经过人类改良后的植物生产,人们的衣食原料、保证健康所需的营养和药品原料、良好的生活环境供体等,几乎全部来源于植物资源。人类离不开植物资源和农业生产,否则必将无法生存。第二,作物种质资源是作物新品种选育和生物技术研究的基因源。作物遗传育种的本质是植物优良基因的组装。对于任何一种作物,其种质为基因源,所有的遗传技术和科学思想均建立在此基础上。随着人类社会的发展,其生存需要逐步改变了地球的生态环境,甚至在很大程度上破坏了自然生态系统,导致物种灭绝的速度加快。已灭绝的物种是不可再生的,随之而来的是生态环境系统日益变得脆弱,直接威胁到人类的生存和人类社会的发展,所以应不断利用科学技术保护种质资源,确保作为作物新品种选育和生物技术研究基础的植物遗传资源不受破坏,使地球的整个生态系统平衡得以维持,从而保护人类赖以生存的环境,保证人类社会的永续发展。第三,作物种质资源是维系国家食物安全的重要保障。不论是我国,还是其他国家和地区,都面临着食物短缺的巨大压力。在耕地面积不断缩小的情况下,只有提高单产,改造中低产田,充分利用高产田,不断采用先进的科学技术开发优质高产的新品种作物,才能从根本上解决这一重大问题。而要开发作物新品种,依然离不开植物基因资源,需要依靠现代生物技术,以通过寻找关键基因来培育耐逆、超高产新品种为主要突破口,充分挖掘植物基因资源的巨大潜力,才有可能实现这一目标。第四,作物种质资源是21世纪农业可持续发展的基本保证。一个植物基因推动一场生物技术革命,这已经为科学技术和生产实践所证明。随着生物技术的发展,以关键基因的创新和变革为主要途径的"绿色革命"或者说生物技术革命的发展将更加迅猛,人们对植物资源进行研究的能力将大大提高,作物遗传基因改良将获得更加有力的科学工具,人类发掘更多的有利基因的能力越来越强,在多种农作物的遗传基因改良上不断取得突破,从而通过不断开发作物新品种实现农业的可持续发展。因此,更好地保护和利用植物基因资源成为21世纪农业可持续发展的前提和基本保证。第五,作物种质资源是推动科技创新、增强国力的重要基础。21世纪是生物经济的时代,国际上将生物资源与基因资源的拥有量列入对国家国力评估的内容。保护和发掘具有自主知识产权的基因,是21世纪人类面临的重要课题。因此,作为发展中的负责任的大国,我国也已经把保护和利用作物种质资源、加快科技进步和自主创新,作为增强国家实力、长远解决国民生存和发展难题的重要课题。

三、作物种质资源保护与利用趋势

(一)保护力度越来越大

对作物种质资源的保护呈现出从一般保护到依法保护、从单一方式保护到多种方式配套保护、从种质资源主权保护到基因资源产权保护的发展态势。

(二)鉴定评价越来越深入

对作物种质资源进行规模化和精准化鉴定评价,发掘能够满足现代育种需求的优异资源和关键基因,已经成为对其进行鉴定评价的发展方向。

(三)保护和研究体系越来越完善

世界上大多数国家依据生态区布局,均建立了涵盖收集、检疫、保存、鉴定、种质创新等方面的、分工明确的作物种质资源国家公共保护和研究体系。

(四)共享利用机制越来越健全

随着《生物多样性公约》《粮食和农业植物遗传资源国际条约》等国际公约和条约的实施,国家间种质资源获取与交换日益频繁,已经形成规范的资源获取和利益分享机制,种质资源共享利用机制越来越健全。

第二节　寒地野生大豆资源保护现状

作物野生种质资源是与栽培作物具有亲缘关系的野生植物,如野生稻、野生豆、野生梨、野生辣椒、野生茶树、野生苹果等,可以为作物新品种选育和分子生物学研究提供丰富的基因资源。栽培作物在长期人为选择过程中,很多高产、耐逆、抗病虫、雄性不育以及良好的营养结构等优异基因逐渐缺失,加之在品种选育过程中对骨干亲本的频繁应用,致使栽培作物遗传基础日益狭窄。然而,作物野生种质资源长期自然生长于野生环境,没有被人类驯化栽培,因此保留着大量的优良性状,特别是保留了对病虫害的抗性以及对非生物逆境条件如极端温度、干旱和涝害等的耐受性。作为遗传特性供体,作物野生种质资源在改良粮食作物、园艺植物、蔬菜及经济作物的营养品质、风味品质、色泽和质地结构等方面有重要贡献。同时,作物野生种质资源作为丰富的植物遗传资源的重要组成部分,对于培育和改良应对全球气候变化和环境恶化的品种具有重要应用价值。

在人类进入工业革命后近200年的时间内,伴随着人类社会繁荣和人口数量激增,工业活动造成的环境污染、生态恶化使野生动植物的生存环境遭到前所未有的破坏,野生动植物的种类和数量都以惊人的速度锐减。据测算,近百年来受人类活动范围不断扩大和活动强度不断增加的影响,物种灭绝的速度比物种自然灭绝的速度快了1 000倍,平均每小时就会丧失3个物种。一些重要物种的野生群落急剧减少,有些作物野生近缘植物物种濒临灭绝。为了保护、发展和合理利用野生植物资源,保护生物多样性,维护生态平衡,国务院于1996年发布了《中华人民共和国野生植物保护条例》(2017年进行了修订),以此为依据,原国家林业局和农业部(现分别为国家林业和草原局、农业农村部)于1999年联合制定并发布了第一批《国家重点保护野生植物名录》,这是我国正式发布的保护植物名录,所列物种分为Ⅰ、Ⅱ两个保护级别,包括92科194属254个类群(Ⅰ级51个,Ⅱ级203个)。据统计,目前我国已完成对野生稻3个物种、野生大豆2个物种、小麦野生近缘植物11个物种、水生蔬菜植物8个物种、野生茶树7个物种、野生果树(含野生柑橘)7个物种、野生麻类26个物种以及冬虫夏草、蒙古口蘑、发菜共67个物种的全国调查,共采集4 914个居群的44 737份作物野生近缘植物资源。

一、野生大豆资源的起源与驯化

大豆起源于我国,俗称"黄豆",为豆科大豆属一年生草本植物,是野生大豆经过人工栽培驯化和选择逐渐积累有益变异演变而成的,是世界上最古老的农作物,又是新兴起来的世界性五大主栽作物之一。大豆属(Glycine)是在豆科(Leguminosae)、蝶形花亚科(Papilionoideae)、菜豆族下的一小属,由一年生的 Soja 亚属和多年生的 Glycine 亚属组成。Soja 亚属包括栽培大豆 G. max 及其一年生野生祖先 G. soja。G. max 栽培大豆在世界范围内都有分布,G. soja 则主要分布在我国、朝鲜、日本及俄罗斯远东地区等地。传统分类学研究表明,G. max 和 G. soja 是不同的种。二者均是二倍体,易杂交,可产生可育的杂交种。一年生二倍体大豆间的杂交通常表现出正常的减数分裂且杂交种可育,这强烈支持了栽培大豆和它的两个一年生野生种共同享有一个主要的基因库的观点。另外,G. max、G. soja 和 G. gracilis 的细胞学研究揭示了这三个物种的核型几乎完全一样,证实它们具有密切的遗传亲和性;遗传多样性和变异类型的分子生物学研究也证实了它们之间的进化关系非常相近。一般野生大豆的百粒重仅为 2 g 左右,易炸荚,缠绕性极强。半野生大豆的百粒重为 4~5 g,炸荚轻,缠绕性也较差。半野生大豆与栽培大豆之间还存在不同进化程度的类型。用栽培大豆与野生大豆进行杂交,其后代会出现不同进化程度的类型,介于野生大豆和栽培大豆之间。这也可以间接地证明栽培大豆是从野生大豆演变而来的。

大豆,我国古称"菽"。《史记·周本纪》说:后稷幼年做游戏时"好种树麻菽,麻菽美",说明我国在古时就已经开始栽培大豆了。卜辞中贞问"受菽年"而系有月份的,说明最晚在商代我国已有大豆栽培。到西周时,"菽"在《诗经》中多处出现,如《豳风·七月》中有"黍稷重穋,禾麻菽麦",说明大豆已是重要的粮食作物。大豆因不易保存,在考古发掘中极少发现。迄今仅有山西侯马出土的战国时期 10 粒尚未碳化的大豆,现存于北京自然博物馆中,距今已有 2 300 年,为黄色豆粒,百粒重为 18~20 g。这是迄今为止世界上发现的最早的大豆出土文物。它直接证明了当时已有大豆种植。黑龙江省宁安市大牡丹屯出土了距今 2 000 多年的碳化大豆实物。此外,1953 年在河南洛阳烧沟的汉墓中发掘出距今 2 000 年的陶仓,上有朱砂写的"大豆万石"四字,同时出土的陶壶上则有"国豆一钟"字样。古代文献、考古文物、栽培大豆品种资源和野生大豆的分布均可证明栽培大豆起源于数千年前的中国。

早在春秋战国时期,燕齐两地人民和朝鲜即有交往,起源于我国的大豆东传朝鲜,再从朝鲜传入日本。公元 712 年,日本《古事记》中就有关于日本种大豆的记载。之后大豆从日本被引入东南亚一些国家。随着世界人民的友好交流和商业往来,我国大豆因含有丰富的蛋白质、脂肪而受到世人关注。1873 年,在维也纳举办的万国博览会上,第一次展出了金灿滚圆的中国大豆,人人奔走相告,将其视作珍品。19 世纪,我国大豆进入国际市场,相继传入亚洲其他国家、欧美各国以及世界各地。今天的拉丁文、英文、法文和俄文中基本上都保留着我国大豆的古名"菽"音。直到第二次世界大战时期,我国一直是世界上大豆产量最高的国家,约占世界大豆产量的 90%。1765 年,大豆首次被当作"中国的野豌豆"(Chinese vetches)而被介绍到北美殖民地。直到 20 世纪 40 年代,大豆农业才在美国真正起飞。美国在接下来的 50 年中主导了世界大豆生产。1961 年,美国的大豆产量已占世界总产量的68.7%,而位居第二的我国的大豆产量所占份额跌至23.3%。不过,那时其他国家的大豆产量所占份额加在一起也才8%。从20世纪60年代后期到20世纪70年代,大豆农业在拉丁美洲飞速发展起来。1974年,巴西的大豆产量超过了我国;1998年,阿根廷的大豆产量也超过了我国;2002年,巴西和阿根廷的大豆总产量又超过了美国。到2011年,我国大豆产量占世界总产量的比重仅有5.55%,而美国的大豆产量所占份额是31.88%,巴西的大豆产量所占份额是28.67%,阿根廷的大豆产量所占份额是18.73%,就连原本不太注重大豆生产的国家,大豆产量所占份额也达到了历史新高,为15.16%。2019年,全球9大大豆生产国中,南美洲有3国,分别是巴西、阿根廷和巴拉圭;北美洲有2国,分别是美国和加拿大;欧洲有2国,分别是俄罗斯和乌克兰;亚洲有2国,分别是中国和印度。其中,美国、巴西和阿根廷三国的大豆生产已经实现高度机械化,目前是全球位居前三位的大豆生产国。南美洲是全球大豆的主要生产地区,其总产量占世界总产量的56.1%,其中巴西大豆产量占36%,阿根廷大豆产量占15.7%,巴拉圭大豆产量占3%,玻利维亚大豆产量占0.8%,乌拉圭大豆产量占0.6%。

二、我国大豆种质资源概况

我国大豆种质资源类型丰富,地理分布广泛,目前已收集、编目、保存的栽培资源20 000余份,野生资源6 000余份。其中,野生资源约占世界总保存数的90%左右。我国幅员辽阔,各地的自然地理气候条件差异很大,使得各地大豆品种资源品质特性具有巨大差异。

大豆育成品种是经过长期育种和生产实践积累下来的宝贵材料,大批优良品种在农业生产中的推广利用,一方面为人类农业生产提供了优质、高产的改良品种,另一方面也使原有的地方品种不断被淘汰,甚至消失,造成作物种质资源的遗传流失。杂交育种中对一些优良亲本的广泛利用,也会造成作物的遗传基础集中在少量的亲本上,而使栽培大豆的遗传基础变窄。为了更好地保存和利用自然界生物的多样性,丰富和充实育种实践和生物学研究的物质基础,种质资源工作的首要环节和迫切任务是广泛发掘和收集种质资源并很好地予以保存。

我国是世界上收集栽培大豆及一年生野生大豆种质资源最多的国家。澳大利亚是多年生野生大豆的主要分布区域,位于首都堪培拉的澳大利亚联邦科学与工业组织(CSIRO)保存有 *Glycine* 亚属22个多年生野生种质资源2 000多份。在中国农业科学院作物品种资源研究所的主持下,经过1956、1979和1990年3次在全国范围内组织大豆种质资源收集、鉴定与编目工作,《中国大豆品种资源目录》陆续编成并续编,25 114份栽培大豆种质资源被保存到国家种质长期库中。1979年以来,我国组织全国野生大豆考察组对全国野生大豆进行了考察,国家种质长期库迄今共收集了6 000余份一年生野生大豆,通过系统鉴定,《中国野生大豆资源目录》陆续编成并续编。此外,我国福建省、台湾地区的沿海岛屿还分布有多年生烟豆和多毛豆,但迄今尚未对其进行系统的收集。

目前，我国有在中国农业科学院作物科学研究所建成的国家长期库和青海复份长期库，此外，还有分布在全国各地的地方中期库，以及几十个无性繁殖作物、野生作物的种质圃。这些初步形成了我国作物种质资源长期保存与分发体系。我国对大豆种质资源的保存实行国家种质资源库与各省专业所相结合的二级保存体系，全国各地育种单位根据育种需要也分别保存了不同数目的品种资源。保存数量较大的单位有南京农业大学大豆研究所、吉林农业科学院大豆研究所、中国农业科学院油料作物研究所等，其中野生大豆资源保存较多的是黑龙江省农业科学院。大豆种质资源的主要收集单位（或国家和地区）及保存量见表1-1。

表1-1 大豆种质资源的主要收集单位（或国家和地区）及保存量

种质资源类型	主要收集单位（或国家和地区）	保存量/份
栽培大豆	中国农业科学院作物科学研究所（中国）	25 144
	美国农业部（美国）	18 076
	亚洲蔬菜研究开发中心（中国台湾省）	12 508
	南京农业大学大豆所（中国）	10 000
一年生野生大豆	中国农业科学院作物科学研究所（中国）	6 172
	黑龙江省农业科学院耕作栽培研究所（中国）	4 000
	美国农业部（美国）	1 114
	南京农业大学大豆研究所（中国）	1 000
	吉林省农业科学院大豆研究所（中国）	600
多年生野生大豆	澳大利亚	2 184
	美国	919
	南非共和国	304
	中国台湾省	69

与世界其他大豆主产国相比，我国大豆在品种单产、品质等方面还有一定差距。其主要原因就是现有种质经多年种植不断退化，大豆单产潜力低，缺乏创新品种。盖钧镒等统计了1923—1995年我国选育的651个大豆品种的亲本来源，在所有的348个亲本中，10.9%的亲本核、质的遗传贡献率均高于50%，说明所有育成品种的遗传基础相对狭窄。在此基础上，熊冬金等分析了1923—2005年全国6个生态区育成的1 300个大豆育成品种的系谱资料，研究其祖先亲本和直接亲本组成，计算其核遗传贡献值，认为与1923—1995年的数据相比，1996—2005年，我国大豆育成品种遗传基础有所拓宽，祖先亲本和直接亲本群体扩大了近1倍，地理来源更广泛，但遗传贡献有向少数祖先亲本集中的趋势，我国大豆品种遗传基础有待进一步拓宽。黑龙江省的大豆育种研究处于国内领先水平，育成的"黑农号""合丰号""绥农号""黑河号"等系列大豆品种优良，对我国大豆生产起

着重要的推动作用。但来永才等经过统计分析认为,作为我国大豆主要产地的黑龙江省,目前拥有大豆栽培种质资源 2 000 余份,但其中广泛应用的骨干亲本仅有 56 个,遗传基础同样亟待拓宽。野生大豆生长在自然条件下,种内存在的丰富的功能基因从未受到人为选择的影响,而这些基因很可能是大豆生产中迫切需要的关键性基因。野生大豆资源中的高蛋白、多抗、广适应性和高繁殖系数的优良材料可以直接用于优质、抗病、高产栽培大豆的育种研究。野生大豆还是大豆系统发育和演化研究最重要的载体之一,是大豆生产可持续发展的重要遗传基础。因此,努力拓宽大豆育成品种遗传基础,培育高产、高抗、高耐、质优的新种质,是恢复我国大豆种植业国际领军地位的必由之路。

三、寒地野生大豆种质资源保护现状

野生大豆的环境适应能力很强,但是近几十年来,道路建设、房屋修建、农田改造、兴修水利等人类活动及一些不合理的开发利用自然资源的方式,大大破坏了植物的生境和栖息地,自然的自我修复速度远远赶不上人类活动破坏的速度,使得植物的多样性遭到严重威胁。许多地区的野生大豆生境同样也受到了严重破坏,野生大豆的生存受到严重威胁。为加强对野生大豆种质资源的保护,国家相关部门和部分地区均采取了多种措施加强对野生大豆遗传多样性的研究,挖掘其遗传多样性的根源所在。建立科学有效的多样性保护措施,建设野生大豆自然保护区和农业原生境保护点刻不容缓。

20 世纪八九十年代,山东省济南市西部黄河沿岸和玉清湖水库周边的野生大豆连片分布超过 1 000 hm^2(1 hm^2 = 10^4 m^2),东营市垦利区大汶流草场的野生大豆连片分布超过 4 000 hm^2。但近年来,受城市扩建、人为开发、过度放牧和黄河断流等因素影响,野生大豆分布面积逐年减少,济南市西部只有零星分布,大汶流草场的野生大豆连片分布不足 1 300 hm^2,保护形势十分严峻。安徽省五河县地处淮河中下游,以前野生大豆沿淮、沿浍连片集中分布,曾是当地农民畜牧养殖的重要植物之一。20 世纪 80 年代初,五河县的杨庵湖野生大豆连片面积就达到 200 hm^2。但近年来受人为开垦等因素影响,野生大豆分布面积逐年减少,保护形势同样十分严峻。基于淮河中下游野生大豆濒危现状,2003 年,我国农业农村部批准"淮河中下游野生大豆种质资源原位保护区"立项建设,对保护该区域野生大豆种质资源保护起到了一定作用。山西省原平市地处山西省北部,境内分布有大量野生大豆,在分布相对集中的地方,野生大豆密度可达 200～600 株/m^2,最高可达 2 000 株/m^2。但对其地理分布、种群数量、生境状况、威胁生存因素等基本情况调查后发现,野生大豆的生存环境同样不容乐观,已经受到自然因素与人为因素的影响与破坏,正日趋濒危,急需进行管理与保护。20 世纪 90 年代初的普查结果表明该区域野生大豆类资源分布还十分广泛,类型也很丰富。2006 年对该区域再次实地考察时发现,由于放牧、开垦、排污等原因,野生大豆生境遭到严重破坏,留存下来的野生大豆也是零星分布。

此外,我国的种质资源流失也很严重。据美国国家遗传资源信息网(CRIN)公布的数据显示,截止到 2002 年,美国从我国引进的农业基因资源多达 20 000 余份,其中仅大豆就

多达6 000多份,而从我国有关审批部门的记录数据来看,其中约70%是通过非正常渠道获得的。

(一)寒地野生大豆种质资源生境特点

1. 地理环境

黑龙江省地处太平洋西岸的欧亚大陆东部板块,位于我国东北部,是我国位置最北、纬度最高的省份,东西跨14个经度,南北跨10个纬度。北部、东部与俄罗斯隔江相望,南部与吉林相邻,西部与内蒙古自治区接壤;边境线长2 981.26 km,是亚洲与太平洋地区陆路通往俄罗斯和欧洲大陆的重要通道,是我国沿边开放的重要窗口。全省土地总面积47.3万km^2(含加格达奇和松岭区),仅次于新疆维吾尔自治区、西藏自治区、内蒙古自治区、青海省、四川省,居全国第6位。黑龙江省西北部为东北—西南走向的大兴安岭山地,东南部为东北—西南走向的张广才岭、老爷岭、完达山脉。兴安山地与东部山地的山前为台地。东北部为三江平原、兴凯湖平原,西部是松嫩平原。黑龙江省山地海拔高度大多在300~1 000 m,面积约占全省总面积的58%;台地海拔高度在200~350 m,面积约占全省总面积的14%;平原海拔高度为50~200 m,面积约占全省总面积的28%。境内有黑龙江、乌苏里江、绥芬河、松花江等多条河流和五大连池、镜泊湖、兴凯湖、连环湖、莲花湖等湖泊。黑龙江省全省森林面积20.977万km^2,森林覆盖率近50%。全省耕地面积约15.941万km^2,约占全省土地总面积的1/3。全省草原面积2.07万km^2,草原综合植被盖度达到75%以上。黑龙江省还是湿地大省,湿地面积5.56万km^2,位居全国第4位,主要分布在松嫩、三江两大平原和大、小兴安岭,有着面积大、类型多、资源独特、生态区位重要等诸多特点,全省有湿地公园58处,其中国家级湿地公园41处。

2. 气候条件

黑龙江省南北跨中温带与寒温带,四季分明,夏季雨热同季,冬季漫长。冬季高空受贝加尔湖高压脊与亚洲大陆东部低压槽控制,而地面则受蒙古高压中心与阿留申群岛低压中心的影响,寒冷干燥;夏季受西太平洋副热带高压控制和高空锋区影响,温暖湿润。黑龙江省是全国气温最低的省份,年平均气温在-4~5 ℃,从东南向西北平均每高1个纬度,年平均气温约低1 ℃,嫩江至伊春一线为0 ℃等值线。全年积温平均值在2 000~3 200 ℃,全省无霜期为100~160天,大部分地区的初霜期为9月下旬,霜冻期在4月下旬至5月上旬。全省年平均降水量为400~650 mm,中部山区降水最多,东部次之,西部和北部最少,降水表现为明显的季风性特征。夏季受东南季风的影响,降水充沛,降水量占全年降水量的65%左右;冬季在干冷西北风的控制下,干燥少雨,降水量仅占全年降水量的5%;春秋两季降水量分别占全年降水量的13%和17%左右。1月份降水最少,7月份降水最多。省内南北降水量差异不明显,东西差异明显,降水量从西向东增加,山地降水量多于平原。黑龙江省年可日照时数为4 443~4 470 h,年实日照时数为2 300~2 900 h。就实日照时数而言,松嫩平原西部最高可达2 600~2 800 h,日照百分率在59%~70%,泰来、安达等地在2 800 h以上。北部山地实日照时数在2 400 h以下,五营实日照时数仅为

2 268.5 h，日照百分率在 55% 以下。黑龙江省与南方各省区相比云量少，夏半年实日照时数多，太阳辐射量多且辐射强度大，有利于农作物和林木生长。因而，松嫩平原、三江平原成为我国的"大粮仓"，兴安岭成为森林的"海洋"。

3. 土壤与水文条件

黑龙江省土壤有机质含量高于全国其他地区，黑土、黑钙土和草甸土等占耕地的 60% 以上，是世界著名的三大黑土带之一。黑龙江省有松花江、黑龙江、乌苏里江、绥芬河四大水系。流域面积 50 km^2 及以上河流 2 881 条，其中，流域面积 1 万 km^2 及以上河流 21 条。境内有兴凯湖、镜泊湖、连环湖和五大连池等常年水面面积 1 km^2 及以上湖泊 253 个，水面面积 3 037 km^2。黑龙江省境内我国与俄罗斯边境长约 3 000 km。其中，水界 2 723 km，共有黑龙江、乌苏里江、松阿察河、兴凯湖、白棱河、绥芬河、瑚布图河、抚远水道 8 条界河，全省年平均水资源总量 810 亿 m^3。

(二) 寒地野生大豆种质资源保护现状

黑龙江省地处我国高寒地区，寒地野生大豆资源丰富。自 1978 年以来，黑龙江省农业科学院对分布在黑龙江省境内的寒地野生大豆进行了长期持续和全面系统的考察研究。考察发现黑龙江省全境除海拔较高的林地、盐碱严重的荒地外均有野生大豆分布，其生境具有多样性，广泛分布于河流、湿地、沼泽、路基护坡、沟渠、灌木丛、农田等。从考察结果分析来看，绝大多数寒地野生大豆居群位于河流、湿地、水库、较大的湖泊及山脚洼地附近，充分说明寒地野生大豆喜爱潮湿环境；还有一些寒地野生大豆居群分散分布于田间地头、路旁沟渠、草木混杂的荒地、村屯附近，很少形成群落。在大的群落中，寒地野生大豆密度大，长势好，籽粒饱满；分散分布的寒地野生大豆往往植株矮小，结荚少，单株密度一般小于 0.1 株/m^2。从分布的土壤类型上看，60% 以上的寒地野生大豆生长在腐殖质层较厚、水分充足的草甸土和黑土上，约 30% 的寒地野生大豆生长在暗棕壤和白浆土上，其余不足 10% 的寒地野生大豆则零散地分布于黑钙土、风沙土、沼泽土、盐碱土、火山灰土及新积土上。可以看出，肥沃湿润的土地最适合寒地野生大豆生长，但在其他类型土壤中均有分布，这说明寒地野生大豆具有广泛适应性。但随着近十几年经济的高速发展和生态环境的改变，寒地野生大豆资源的原生存环境受到日益严重的威胁。大规模垦荒，大片山林、草地和湿地消失，使寒地野生大豆赖以生存的环境被破坏。此外，农业用水呈现逐年增长态势，生态用水比例渐少，这对喜湿的寒地野生大豆的生存而言又是严峻的考验。

1979—1980 年，黑龙江省农业科学院王连铮、吴和礼、姚振纯等首次对黑龙江省寒地野生大豆种质资源进行集中考察，重点考察了黑龙江省北部黑龙江沿岸的边界各县、西部风沙干旱区各县、东部乌苏里江沿岸有低洼沼泽的各县的大豆主产区，发现黑龙江省东部低洼地区的寒地野生大豆数量多、生长繁茂，西部风沙干旱区的寒地野生大豆矮小稀少，北部高寒地区的寒地野生大豆的生育期短，南部平原丘陵地区的寒地野生大豆的类型丰富、群落大且多。2000—2005 年，黑龙江省农业科学院林红等对 1979—1980 年初次考察的 23 个野生大豆原分布点进行重点回访调查发现，黑龙江省野生大豆分布的生态环境，尤其是特殊的生态环境在恶化，分布面积在缩小，野生大豆特别是一些独特野生大豆的类型和数量在减少。例如，克东县玉岗镇青山大队东南沟有 10~15 hm² 低洼荒地，曾有连片生长的野生大豆，如今已开垦成耕地，昔日成片的野生大豆生长的壮观景象不复存在；三江地区集贤县安邦河畔、哈双公路运粮河两岸曾遍布野生大豆，由于放牧、排污、环境及河水污染严重，如今河滩内外野生大豆仅零星分布且生长矮小；五大连池药泉山由于旅游开发，原大面积存在的野生大豆和半野生大豆如今仅是零星可见，已无群落分布；齐齐哈尔市富拉尔基区全和台乡的北湖岸边原有丰富的野生大豆资源，由于多年垦荒和过度放牧，现已遭到严重破坏，原边屯公社牧场与狗尾草伴生的野生大豆已经绝迹；龙江县对宝乡雅鲁河沿岸，在几千米长的柳条丛内曾有繁茂的野生大豆，由于生态环境遭到破坏，如今野生大豆已成凤毛麟角。考察中在巴彦县、海林市、克山县、拜泉县、大庆市、甘南县及北部高寒区的塔河县等地发现了较大面积的原生态野生大豆群落，有的群落位点由于人烟稀少尚未遭到破坏，成片的野生大豆群落自然繁衍、传播，生长繁茂，有的植株高达 3 m 以上。2012—2020 年，黑龙江省农业科学院来永才团队对黑龙江省野生大豆进行了全面细致的考察及野生种质资源收集工作，考察区域涵盖黑龙江省 120 个县级行政区。这些考察区域包括黑龙江省野生大豆分布区，生态条件和土壤条件差异明显。西北部考察点为漠河市北极村（考察活动的最北点）和洛古河村（考察活动的最西点）；考察活动的最南点为牡丹江市东宁市三岔河林场；考察活动的最东点为抚远市黑瞎子岛。此次考察重新定义了我国野生大豆分布的最北界（53°29′N）和最东界（134°41′E），明确了黑龙江省野生大豆的海拔分布为 46.6~550.6 m。通过考察发现，黑龙江省寒地野生大豆种质资源分布依然丰富，但对 10 年前部分居群和巴彦县、延寿县、海林市、依安县、望奎县、塔河县、庆安县、桦南县 8 个野生大豆原生境保护区回访发现，野生大豆原生境较之前均受到不同程度的破坏，野生大豆种质资源保护前景并不乐观。在野生大豆生长好且分布最集中的松花江沿岸，特别是哈尔滨市段松花江沿岸，随着开荒种田、旅游开发、农田基本建设和精耕细作等人为活动的持续增多，湿地面积锐减，野生大豆赖以生存和繁衍的生态环境受到严重破坏，野生大豆富集区锐减。考察组在考察中也新发现了几处较大的野生大豆种群，如在双鸭山市饶河县红旗农场挠力河畔、虎林市东方红湿地国家级自然保护区均发现面积超过 30 hm² 野生大豆居群。在考察中同时发现黑龙江省半野生大豆主要集中在黑河市的孙吴县与逊克县，考察组在逊克县宝山乡发现大面积的半野生大豆居群与栽培大豆伴生。除此之外，黑龙江省农业科学院黑河分院于 1979—1981 年、1989—1990 年和 2004 年，分别由张国栋研究员、魏新民研究员和吴纪安高级农艺师带队，在黑河市、五大连池市、呼玛县、塔河县、漠河市等地进行大规模野生大豆考察和搜集，发现野生大豆普遍存在于大、小兴安岭区域，特别是在黑河境内新垦林地的大豆田中发现了大量半野生大豆，有的半野生大豆类型呈现出明显的群落分布。

40 多年来，黑龙江省农业科学院全面持续开展寒地野生大豆种质资源考察，从考察结果看，黑龙江省寒地野生大豆资源正逐渐减少，有些种质资源甚至开始消失，这意味着这些资源所携带的遗传基因也会随之不见,物种消失的不可逆性将会严重影响黑龙江省乃至全国大豆科研、生产的发展,保护野生大豆资源已刻不容缓。

第三节 寒地野生大豆资源保护的重要意义

一、种质资源利用与大豆产业发展

我国是大豆生产大国,更是世界上最大的大豆消费国。近20年来,随着我国经济快速发展,人民生活日益富足,对优质大豆蛋白及大豆油脂的需求快速增加。我国民众食用豆油年均消费已经从20世纪80年代初的2.6 kg增加到目前的22 kg以上。民众对肉、禽、蛋、奶的消费的增加也带动了国内养殖业对饲料如豆粕的需求的增加,大豆消费量呈几何式快速增长,但大豆产量却没有出现实质性增加,总产量一直在1 500万t左右徘徊,这导致我国对进口大豆的依赖度越来越大。国内大豆进口量从20年前的200多万t激增到9 000多万t,约是20年前的50倍。2017年我国消费大豆约1.1亿t,其中自产1 530万t,进口9 554万t,进口量占全球大豆贸易总量的64.5%,也就是说,全球售卖的大豆中有近2/3卖给了我国,我国对大豆进口的依赖度达到86%。大量大豆从海外市场进口也影响了国内大豆市场的稳定,更严重的是,我国整个大豆产业和产业链条受到重创,国内种植户的利益受损,这极大地降低了种植户的种植热情和积极性,大豆种植面积不断缩小,直接使得国内大豆供给减少。对于国内大豆加工企业来说,由于依赖进口大豆,经营风险不断增大;同时大量外资企业进驻国内市场,影响了国内企业发展。我国大豆产业发展受到了严重的打压,竞争能力明显降低。除了大豆种植户和加工企业的根本利益无法得到保障之外,国家的粮食安全也受到了严重威胁。2015年,我国首次提出"供给侧改革",对农业生产结构进一步调整优化。我国实施"大豆振兴计划"以来,从政策、科技和投入等方面大力促进大豆产业发展,大豆的播种面积不断增加。2019年,大豆总产量达到历史峰值(1 810万t)。然而,就我国来说,大豆单产仍较低[单产129.3公斤/亩(1公斤=1 kg,1亩=666.7 m²)],增加大豆的种植面积无疑会影响其他粮食作物的生产,即使一定程度上实现了大豆总产量的增加,却会大大影响我国粮食总产量的稳定。因此,我国在一段时期内大量进口大豆的局面不会改变。

近几十年来,我国大豆品种增产并不明显,单产水平较低。1978年以来,经过全国大豆育种学家的不懈努力,我国已经培育出1 800多个大豆新品种,在生产上已实现4~5次品种更替,大豆单产得到了提升。但是,与国外大豆主要生产国相比,我国大豆单产水平还有很大差距。目前,巴西、美国和阿根廷等大豆主要生产国的大豆平均单产已经高于200公斤/亩;我国大豆平均单产还在120公斤/亩左右徘徊。大豆与玉米、水稻等作物相比,产量和效益都没有优势,因此造成农民种植大豆的积极性不高。前几年,由于受到国际大豆的冲击,国产大豆价格下滑,进一步降低了种植大豆的经济效益,这导致我国大豆种植面积逐年下滑,2015年时下降到9 000万亩。北方大豆产区是我国最重要的产区,特别是黑龙江省的生产优势极为突出,是国家大豆生产的"压舱石"和大豆振兴的希望所在。但是,与世界大豆主产国相比,我国大豆种植无论是在技术方面还是在生产水平方面均存在着一定的差距,主要表现在品种单产低、品质特色不突出、耐逆性与综合性状亟待改良。种质资源与品种是阻碍大豆生产发展的关键难题。2021年中央经济工作会议明确指出:重点解决好种子和耕地问题。要开展种源"卡脖子"技术攻关,打好种业翻身仗。一粒种子可以改变世界,一个品种可以造福一个民族。大豆种质资源是现代大豆种业发展的基础,是品种选育的基石,也是国家战略资源,对于大豆科技原始创新、可持续发展有着不可替代的作用。开展大豆种质资源创新与利用研究是国家战略与振兴大豆生产的迫切需求。

二、寒地野生大豆资源保护的必要性

对大豆种质资源的研究、评价和应用是品种改良创新"卡脖子"技术之一。世界大豆主产国如美国、巴西等的大豆原始种质资源均来源于我国的东北地区,由于这些国家对种质资源的研究与评价深入、系统,特别是开展了分子生物学与基因组学等分子水平的研究,因此挖掘出了重要的目标性状基因,开发了分子标记,同时创制了高质量的新种质。美国利用我国地方品种北京小黑豆的抗病基因进行品种改良,育成了一批抗胞囊线虫病的品种,挽救了美国大豆生产。巴西引入了我国和日本的"长童期"大豆种质并进行了品种改良,培育出了一批适应热带短日照与高温条件的大豆品种,使其成为当今世界上主要的大豆生产国和出口国。与其相比,我国虽然是大豆起源国,种质资源极为丰富,但对种质资源的研究与评价不够深入、系统,应用目的性不强;对优异基因和性状的挖掘与特异种质的创制不到位;现有种质资源很多,但可用作亲本材料的不多,利用效果好的更少。虽然我国保存着世界上最多的大豆种质资源,但对资源精准鉴定和开发利用水平还需要进一步提高,资源优势还没有转化为基因优势和产业优势,特别是在产量、优质、抗病、抗虫、耐逆等材料的创新方面,一直未取得实质性重大突破。

我国北部高寒地区主要分布在北纬50°~53°34′,该区域无霜期短,气温低,日照长,野生大豆资源丰富。由于高寒地区特殊的气候条件,这里生长的野生大豆具有蛋白质、异黄酮含量高及早熟、抗寒、适应性强等特性。黑龙江省寒地野生大豆利用研究团队经过多年研究,筛选出高寒地区优异野生大豆种质资源70余份,表现出高蛋白、抗病、高异黄酮等优异性状,其中包括高异黄酮野生大豆资源(异黄酮质量分数高达6 801 μg/g)2份,为目前育成栽培品种(平均质量分数为2 500~3 000 μg/g)的2倍以上,采用叶片接种方法鉴定大豆疫霉根腐病抗性级别表现为抗(R)和中抗(MR)。因此利用野生大豆优异基因开展大豆分子育种或育种新技术研究,对大豆抗病、耐逆及品质性状的遗传改良具有重要意义。种子可以说是农业的"芯片",种质资源可谓是种子的"芯片",通过对大豆核心专利的技术布局分析发现,核心专利和相关技术主要掌握在美国孟山都、陶氏杜邦等公司手中,这些公司通过对大豆种子技术的掌控来实现对产业链源头的垄断。在育种技术上,美国育种公司已经开始了分子育种,而我国基本以传统育种方式为主,在育种效率和对具体性状的精确改良上明显落后于美国。我国大豆种质资源尤其是野生大豆种质资源特别丰富,但我国主要通过系统选育、杂交育种、诱变育种等方法进行大豆育种。20世纪90年代中期以前,我国大豆育种基本采用传统育种手段,88.16%以上的品种是杂交育种育成的。目前常规育种试验技术仍然是我国大豆育种的主要方式,而国外已经建立了若干与大豆相关的免费数据库,涵盖了世界各地的大豆种质资源、一系列重组自交系、单片段替换系,以及多年多点的系统性状考察和遗传分析结果。国外对优异基因的挖掘及转基因大豆产业化引领了世界转基因作物的快速发展。最成功的例子是美国孟山都公司利用基因枪轰击方法将编码5-烯醇-丙酮酸莽草酸-磷酸合成酶(EPSPS)的基因转入大豆,培育出转基因大豆并大面积产业化。到2006年,美国、巴西和阿根廷3个国家的转基因大豆种植面积已分别上升为大豆种植总面积的92%、99%和55%,给这些国家带来了巨额利润。我国拥有世界上最为丰富的大豆种质资源,大豆基础科学研究也正在逐步赶超国际水平,然而,在优异种质资源开发和优异基因挖掘、利用方面与国外仍存在较大差距。同时,我国具有自主知识产权的基因极少,分子育种方法和常规育种方法还有没完美融合。由于国外重视对种质资源的研究利用,其大豆品种明显好于我国大豆品种,特别是在产量、耐逆性及耐密性等方面。

与国外先进育种技术相比,我国对种质资源的利用与创新的能力明显不足,迫切需要提高大豆的育种效率和精准度,培育高质量的新品种。因此,挖掘和利用寒地优质、耐逆性优异的野生大豆资源已迫在眉睫,对发展大豆生产与提高大豆市场竞争力,保障国产大豆供给安全,战略意义深远。

参 考 文 献

[1] 张煜,李娜娜,丁汉凤,等.野生大豆种质资源及创新应用研究进展[J].山东农业科学,2012,44(4):31-35.

[2] 张煜,王鹏,刘玮,等.山东省野生大豆种质资源的保护与利用[J].山东农业科学,2014,46(7):145-149.

[3] 杨光宇.东北地区野生、半野生大豆在大豆育种中利用研究进展[J].大豆科学,1997,16(3):259-263.

[4] 李娜娜,孔维国,张煜,等.野生大豆耐盐性研究进展[J].西北植物学报,2012,32(5):1067-1072.

[5] 齐宁,林红,魏淑红,等.利用野生大豆资源创新优质抗病大豆新种质[J].植物遗传

资源学报,2005,6(2):200-203.
[6] 董英山.中国野生大豆研究进展[J].吉林农业大学学报,2008,30(4):394-400.
[7] 王连铮,吴和礼,姚振纯,等.黑龙江省野生大豆的考察和研究[J].植物研究,1983,3(3):116-130.
[8] 文自翔,赵团结,丁艳来,等.中国栽培及野生大豆的遗传多样性、地理分化和演化关系研究[J].科学通报,2009,54(21):3301-3310.
[9] 杨光宇,王洋,马晓萍.中国野生大豆($G.\ soja$)脂肪含量及其脂肪酸组成的研究[J].大豆科学,2000,19(3):258-262.
[10] 李向华,王克晶,李福山.中国部分地区一年生野生大豆资源考察、收集及分布现状分析[J].植物遗传资源学报,2005,6(3):319-322.
[11] 丁艳来,赵团结,盖钧镒.中国野生大豆的遗传多样性和生态特异性分析[J].生物多样性,2008,16(2):133-142.
[12] 林红,来永才,齐宁,等.黑龙江省野生大豆、栽培大豆高异黄酮种质资源筛选[J].植物遗传资源学报,2005,6(1):53-55.
[13] 王克晶,李福山.我国野生大豆($G.\ soja$)种质资源及其种质创新利用[J].中国农业科技导报,2000,2(6):69-72.
[14] 徐豹.中国野生大豆($G.\ soja$)研究十年[J].吉林农业科学,1989,1(1):5-13.
[15] 杨文杰,苗以农.大豆光合生理生态的研究:第2报 野生大豆和栽培大豆光合作用特性的比较研究[J].大豆科学,1983,2(2):83-92.
[16] 徐豹,路琴华,庄炳昌.中国野生大豆($G.\ soja$)生态类型的研究[J].中国农业科学,1987,20(5):29-35.
[17] 李向华,王克晶,李福山,等.野生大豆($Glycine\ soja$)研究现状与建议[J].大豆科学,2005,24(4):305-309.
[18] 庄炳昌.中国野生大豆研究二十年[J].吉林农业科学,1999,24(5):3-10.
[19] 董英山,庄炳昌,赵丽梅,等.中国野生大豆遗传多样性中心[J].作物学报,2000,26(5):521-527.
[20] 盖钧镒,许东河,高忠,等.中国栽培大豆和野生大豆不同生态类型群体间遗传演化关系的研究[J].作物学报,2000,26(5):513-520.
[21] 徐豹,徐航,庄炳昌,等.中国野生大豆($G.\ soja$)籽粒性状的遗传多样性及其地理分布[J].作物学报,1995,21(6):733-739.
[22] 中国农业科学院作物品种资源研究所.中国野生大豆资源目录[M].北京:农业出版社,1990.
[23] 庄炳昌.中国野生大豆生物学研究[M].北京:科学出版社,1999.
[24] 海林,王克晶,杨凯.半野生大豆种质资源SSR位点遗传多样性分析[J].西北植物学报,2002,22(4):751-757.

[25] 李向华,田子罡,李福山.新考察收集野生大豆与已保存野生大豆的遗传多样性比较[J].植物遗传资源学报,2003,4(4):345-349.

[26] 田清震,盖钧镒,喻德跃,等.我国野生大豆与栽培大豆AFLP指纹图谱研究[J].中国农业科学,2001,34(5):465-468.

[27] 李福山.中国野生大豆资源的地理分布及生态分化研究[J].中国农业科学,1993,26(2):47-55.

[28] 张艳欣,张秀荣,孙建.油料作物种质资源核心收集品研究进展[J].植物遗传资源学报,2009,10(1):152-157.

[29] 董玉琛,章一华,娄希祉.生物多样性和我国作物遗传资源多样性[J].中国农业科学,1993,26(4):1-7.

[30] 董玉琛.作物种质资源学科的发展和展望[J].中国工程科学,2001,3(1):1-6.

[31] 刘旭,李立会,黎裕,等.作物种质资源研究回顾与发展趋势[J].农学学报,2018,8(1):10-15.

[32] 朱彩梅.作物种质资源价值评估研究[D].北京:中国农业科学院,2006.

[33] 方嘉禾.中国作物遗传资源的利用、问题及建议[J].中国农业科技导报,1999,1(4):64-65.

[34] 刘澍才,吴燕.国内外作物种质资源研究进展[J].杂粮作物,2001,21(3):26-27.

[35] 黎裕,李英慧,杨庆文,等.基于基因组学的作物种质资源研究:现状与展望[J].中国农业科学,2015,48(17):3333-3353.

[36] 中国农学会遗传资源学会.中国作物遗传资源[M].北京:中国农业出版社,1994.

[37] 卢新雄,陈晓玲.我国作物种质资源保存与研究进展[J].中国农业科学,2003,36(10):1125-1132.

[38] 贾继增,黎裕.植物基因组学与种质资源新基因发掘[J].中国农业科学,2004,37(11):1585-1592.

[39] 燕雪飞,郭伟,曹莹,等。基于MSAP技术的中国野生大豆群体遗传多样性分析[J].大豆科学,2020,39(3):384-389.

第二章 寒地野生大豆资源保护内容和原则

第一节 种质资源保护的含义与内容

一、种质资源保护的含义

现代人类社会活动造成全球环境剧变,导致自然生态系统恶化、生物多样性锐减,严重威胁了人类自身的生存与发展。野生大豆作为珍贵的农作物近缘野生植物是生物多样性的重要组成部分,保护这一珍贵的野生种质资源已成为农业专家、生物学家和越来越多的普通人的共同认识,野生大豆被我国确认为二级国家保护野生植物。寒地野生大豆有着特殊的生态特点和品质特征,因此从保障国家资源安全、生态安全的高度,按照保护优先、合理利用、惠益共享的方针,研究其保护理论和保护措施,加强寒地野生大豆原生境保护区设施建设,积极修复资源原生境,加强资源监测和评价,研究种质库安全保存的理论与技术,科学有效地保护寒地野生大豆,使其持续生存发展,意义重大。

二、种质资源保护方式

种质资源保护方式主要有两大类,一类是非原生境保护(ex situ conservation),另一类是原生境保护(in situ conservation)。非原生境保护是指在自然栖息地对野生种质资源进行系统的取样和采集,并对采集的材料进行转移和安全储存。对于异地采集的种质资源,有几种不同的保存方法。例如,种子可作为活性材料储存,这意味着短期保存,通过储存种子进行再生、研究和育种。对于长期或非活性储存,正常性种子可以储存在0 ℃以下的基因库中。作物种质资源还可以在植物园或田间基因库中进行异地保存,人们在那里可以对其进行进一步研究,以避免灭绝,这种方法对于难以保存在常规种子基因库中的物种特别有效。非原生境保护方法还包括植株保存如无性繁殖作物、组织培养物或休眠芽保存、花粉保存及DNA保存等。非原生境保护策略对植物遗传资源保护者来说有几个重要的优势,如在基因库或植物园中鉴定遗传多样性相对容易,因为这些材料通常都有完整的文件,可供植物育种家和其他科学家使用。此外,这些方法所保持的遗传多样性是直接可控的,只要资源被保存在合适的条件下并周期性地再生,丢失材料的可能性就相对较低。一般来说,这也有利于育种家研究和利用。然而,非原生境保护也有一些缺点,其中最重要的是非原生境保护将自然环境中的遗传物质移走这一不可避免的事实。这阻碍了正在进行的进化过程,而进化过程有助于使地方种群变得独特并适应环境的变化。此外,非原生境保护的成本相对较高,并且在某些环境下不可持续。这些成本影响到对非原生境保护作物的选择,因为只有由育种家和科学家决定的主要作物或高经济价值的作物才可能得到关注。

与非原生境保护相对的是原生境保护,也称就地保护。在作物种质资源保存实践中,非原生境保护和原生境保护都很重要,二者是相辅相成、互为补充的。单一的保护技术或方法并不能全方位地保护目标物种基因源的遗传多样性,一个真正强大的保护战略需要采用互补保护,即混合原位行动,由再生材料的异地收集支持。这是为了确保能够保留作物种质资源的栖息地,维持分类群的适应、进化,并提供一个栖息地之外的种质资源安全网,以便在必要时重新将该种质资源引入野外,以供植物科学家和育种家研究与使用。原生境保护有明显的优势。其一是可对遗传物质和产生多样性的过程进行保护。育种工作的长期可持续性可能取决于遗传变异的持续可用性,这些遗传变异可以在田地中保持和发展。其二是可以解决在单一地点保护大量物种的问题。非原生境保护可能由于物种对迁地维护的要求不同而有实际的操作困难。在某些情况下,对原生境保护的选择主要是依据要维持的作物或遗传资源的类型,在农场中支持它们继续进化的干预措施可能比移地储存成本更低且更有效。

然而,原生境保护方法也有一些明显的问题。首先,科学家可能很难识别和获取被保存的遗传物质,这对希望在工作中使用具有特定特性的材料的植物育种家来说可能是一个问题。其次,原生境保护这种方法很难允许科学家对种质进行严密的控制,而这是与非原生境保护不同的。由于战争和自然灾害等不可预见的情况,遗传侵蚀仍然可能发生,而随着时间的推移,社会和经济变化可能会促进或阻碍对农业生物多样性的保护。事实上,原生境保护研究面临的挑战之一是对经济发展如何影响原生境维持遗传资源的多样性进行评估,在实施保护措施时必须要考虑这一过程。原生境保护和非原生境保护的优点见表2-1。

表2-1 原生境保护和非原生境保护的优点

原生境保护	非原生境保护
适合所有物种;	适用于对许多物种的保护且可重复;
可根据环境变化进行动态保护;	可以进行中长期保存;
允许物种与病原体相互作用,因此可能保持持续的动态进化,特别是在对病虫害的抗性方面;	目标物种的保存形式具有多样性,可以被保留为种子、卵巢、精子等;
可进行简单的进化和遗传研究;	易于评估,如对病虫害的抗性进行评估;
可以保存多个物种	易于育种和其他形式的利用; 某些物种的维护费用比较低

三、寒地野生大豆资源保护的内容

中国是大豆（G. max）的原产地，大豆的野生近缘种即一年生野生大豆（G. soja）资源十分丰富。我国作为世界野生大豆分布的中心，保护野生大豆资源具有十分重要的意义，直接关系到世界大豆生产的可持续发展，具有巨大的经济效益和重要的战略意义。原生境保护是在自然条件下对作物野生近缘种及其生态环境进行保护，维持其进化潜力，保护物种与环境互作的进化过程，是保护作物野生近缘种的重要途径之一。

寒地野生大豆种质资源保护的主要内涵：一是基于自然状态下的原生境保护，即在做好全面、细致、深入考察的基础上，建立寒地野生大豆种质资源遗传多样性保护区，建立原生境保护的体系与机制；二是基于转移空间和保存方式的移地保护，即建立种质资源库、备份库和异地繁殖圃异地保存种质资源，避免种质资源意外损失；三是基于生物学机制上的安全保存，这主要是指寒地野生大豆种质资源种质库保存过程中的生物学要求，如保存过程中维持种质高活力的生物学原理、维持种质遗传完整性的生物学机制、种质活力丧失的生物学机制等。

寒地野生大豆资源保护的内容包括种质资源原生境考察，原生境保护体系与机制建立，种质资源的采集、分类、繁殖、鉴定、评价及相关标准与措施，种质资源的中长期保存，以及保存实践与理论研究等。

第二节　寒地野生大豆资源保护对象与原则

一、保护对象的分类

寒地野生大豆资源数量多，种类丰富，分类标准也很多。按其生长的主要生态区可分为呼玛河与黑龙江源头寒温带种群、逊河与黑龙江中游半野生富集种群、黑龙江省西南部盐碱地种群、松嫩平原种群、三江平原种群；按生境可分为沿河湖湿地居群、山脚低洼地居群、农田居群、草地居群、林地居群和路边沟渠居群等；按居群保护的重要程度可分为保护区居群、建议保护居群和非保护居群；根据分布特点可分为居群资源和散生资源；根据资源的形态特征可分为野生资源和半野生资源；根据资源评价结果可分为核心种质资源、非核心种质资源，晚熟、早熟和极早熟种质资源，高蛋白种质资源、双高种质资源、高异黄酮种质资源，高硬实种和非硬实种，耐旱、耐药、抗病、抗虫种质资源等。

二、保护的原则

对于遗传多样性丰富、具有重要价值的寒地野生大豆资源要开展抢救性保护，对其资源原生境要优先考虑建立保护区，同时对种质资源进行异地保存，保证种质资源不灭绝、不丢失。

要充分考虑寒地野生大豆资源原生境区域的生态特点和种质资源对特定环境的依赖性,将寒地野生大豆资源保护与区域生物多样性保护、区域生态系统多样性保护有机结合起来。

要将寒地野生大豆资源原生境保护与异地保存结合起来,特别是对原生境保护难以维系的寒地野生大豆资源要实施移地保护。

要建立以政府为主导、以科研单位为依托、区域农民广泛参与的寒地野生大豆资源保护机制,采取行之有效的措施来调动各方保护寒地野生大豆资源的积极性。

要加强对寒地野生大豆资源开发利用的基础科学研究,支持对寒地野生大豆资源利用的基础研究,为科学保护、开发和利用寒地野生大豆资源做好技术储备。

要以资源共享为基础,建立广泛的寒地野生大豆资源保护、开发和利用机制,为种质资源保护提供支撑。

三、保护的必要性

作物野生近缘植物是指与栽培作物具有亲缘关系的野生植物。作物野生近缘植物如野生稻、野生大豆等,不仅可以直接或者间接地为作物育种和生物技术研究提供遗传资源,还能提供与人类健康生活密切相关的营养物质和保健产品。

在长期的驯化过程中,寒地野生大豆的很多优良基因在选择中被遗失,导致栽培大豆的遗传基础狭窄,要想扩大大豆种质的遗传基础,利用野生近缘植物蕴含的巨大基因储备是重要的途径。尤其是高产、抗病虫、耐逆境、雄性不育、营养高效等优异基因,只有充分利用作物野生近缘植物的这些优良基因,才能拓宽作物的遗传基础,提高栽培品种的产量与品质,使之适应地球不断变化的气候和满足人类不断变化的需求。作物野生近缘植物在作物育种中已经成功应用了几十年,成效最显著的是在提高作物质量和病虫害抗性方面。据统计,自1945年以来,全球30%的作物增产得益于野生近缘植物在作物育种中的使用。然而,由于人口不断增长、开垦荒地、兴修水利、修建公路、乱砍滥伐、过度放牧、掠夺式采挖及工业活动造成的环境污染、生态恶化等因素,许多作物野生近缘植物赖以生存的环境不断遭到破坏,一些重要物种的野生群落急剧减少,有些作物野生近缘植物物种濒临灭绝。

由此可见,在作物改良过程中,提高植物遗传的多样性,防止脆弱的作物野生近缘植物物种及其栖息地丧失,系统、安全地保护作物野生近缘植物是至关重要的。

参考文献

[1] 贺水莲.野生大豆的保护遗传学研究[D].北京:中国科学院大学,2013.

[2] 张煜,李娜娜,丁汉凤,等.野生大豆种质资源及创新应用研究进展[J].山东农业科学,2012,44(4):31-35.

[3] 王克晶,李向华.中国野生大豆遗传资源搜集基本策略与方法[J].植物遗传资源学报,2012,13(3):325-334.

[4] 田清震,盖钧镒.野生大豆种质资源的研究与利用[J].植物遗传资源科学,2000,1(4):61-65.

[5] 林红,来永才,齐宁,等.黑龙江省野生大豆、栽培大豆高异黄酮种质资源筛选[J].植物遗传资源学报,2005,6(1):53-55.

[6] 王克晶,李福山.我国野生大豆(G. soja)种质资源及其种质创新利用[J].中国农业科技导报,2000,2(6):69-72.

[7] 蔡东明,陈耀锋,王长发,等.我国农作物种质资源储备现状与分析[J].农业与技术,2021,41(1):8-10.

[8] 王述民,李立会,黎裕,等.中国粮食和农业植物遗传资源状况报告(Ⅰ)[J].植物遗传资源学报,2011,12(1):1-12.

[9] 高爱农,杨庆文.作物种质资源调查收集的理论基础与方法[J].植物遗传资源学报,2022,23(1):21-28.

[10] 董玉琛.保护作物多样性 发掘有用新基因:试论我国作物种质资源研究当前的任务[J].植物遗传资源科学,2000,1(1):2-6.

[11] 徐国凡.浅谈合作对作物种种质资源保护与利用的重要性[J].商情,2017(18):255.

[12] 刘霁虹.农作物种质资源保护和开发利用存在的问题及对策[J].种子科技,2021,39(5):117-118.

[13] 方嘉禾.农作物种质资源保护现状及行动建议[C]//中国科学院生物多样性委员会.第四届全国生物多样性保护与持续利用研讨会论文集:2000年卷.北京:中国林业出版社,2000:55-62.

[14] 赵团结,盖钧镒.栽培大豆起源与演化研究进展[J].中国农业科学,2004,37(7):954-962.

[15] 张鸣明.探究我国栽培植物野生近缘种的保护策略[J].科学与财富,2016,8(5):644-645.

[16] 于燕波,王群亮,KELL S,等.我国栽培植物野生近缘种及其保护对策[J].生物多

样性,2013,21(6):750-757.
[17] 卢宝荣.杂交-渐渗的遗传进化效应与栽培作物野生近缘种多样性保护[J].科学通报,2014,59(6):479-492.
[18] 侯向阳,高卫东.作物野生近缘种的保护与利用[J].生物多样性,1999,7(4):327-331.
[19] 娄希祉.粮食和农业植物遗传资源的保护研究和利用[J].作物品种资源,1999(4):1-4.
[20] 牟善忠.我国遗传资源保护法律制度研究[D].重庆:重庆大学,2009.
[21] 杜莉莉.发展中国家遗传资源保护法律制度研究[D].北京:中国政法大学,2007.
[22] 杨红朝.遗传资源权视野下的我国农业遗传资源保护探究[J].法学杂志,2010,31(2):67-70.
[23] 李向华,王克晶.野生大豆遗传多样性研究进展[J].遗传资源学报,2020,21(6):1344-1356.

第三章 寒地野生大豆资源原生境保护

第一节 寒地野生大豆资源原生境保护的意义、原理及种质资源原生境保护的模式

一、寒地野生大豆资源原生境保护的意义

"十三五"以来,我国累计建立了214个原生境保护点(区),作为补充的作物种质资源保护体系;组织开展了重要农业野生植物资源本底调查,基本摸清了野生稻、野生大豆等50余种农业野生植物资源的地理分布、生态环境、植被状况、形态特征、保护价值、濒危状况等情况,抢救性收集了野生植物资源4.6万份。

全国的野生大豆原生境保护区(点)有黑龙江省农业野生大豆原生境保护区(8个)、辽宁省新宾县野生大豆原生境保护区、吉林省龙井野生大豆原生境保护区、河北省灵寿县野生大豆原生境保护点、河北省唐海县野生大豆原生境保护区、安徽省蚌埠市五河县野生大豆原生境保护区、河北省冀州区野生大豆保护区、安徽省野生大豆种质资源淮河下游原位保护区、甘肃省徽县野生大豆原生境保护区、河南省洛宁县野生大豆原生境保护区、陕西省镇坪县野生大豆和黄连原生境保护点、山东省垦利黄河三角洲野生大豆原生境保护区、河南省南阳桐柏县野生大豆原生境保护区、浙江省德清下渚湖野生大豆原生境保护区、山东省阳谷县野生大豆原生境保护区、天津市武清区大黄堡乡赵庄村野生大豆保护区、安徽省淮南市八公山区野生大豆核心保护区、四川省达州市万源市野生大豆原生境保护区、湖北省宜昌市野生大豆原生境保护区、内蒙古自治区科右前旗野生大豆原生境保护区、山西省原平市滹沱河流域野生大豆原生境保护区等。

原生境保护的植物在与生存环境相互作用下,会产生变异,从而演化出可适应变化的环境条件的基因,为人类不断发掘和利用这些基因提供来源。目前,寒地野生大豆资源在培育更具适应性、高产、营养丰富的大豆品种方面的潜力尚未得到充分开发。有人认为,从发展潜力方面来讲,相比于简单、经济的非原生境保存,原生境保存能够保护更多的种质资源,尽管原生境保护的野生种质资源不能直接、方便地为用户提供种质材料。可以说,非原生境保护是保护植物的遗传特性,而原生境保护既保护了植物的遗传特性,又保

护了植物的遗传变异性。因此,科学家认为保护农业野生植物的最好方法是原生境保护。原生境保护作物野生近缘植物能够减少作物野生近缘植物物种内遗传多样性的损失,实现保护和利用全球作物野生近缘植物的目标。

二、寒地野生大豆资源原生境保护的原理

(一)生物多样性原理

1. 生物多样性的内容

生态系统是各种生物与其周围环境所构成的自然综合体,是在一定空间范围内,生物与非生物通过物质循环、能量流动和信息交流共同组成的自然系统。在生态系统之中,不仅各个物种之间相互依赖、彼此制约,而且生物与其周围的各种环境因素也具有相互作用。生态系统不断进行着物质循环、能量流动和信息交流,并具有自我调节功能。

生物多样性是指地球上所有生物体及其所包含的基因,赖以生存的生态环境的多样化和变异性,包括生态系统多样性、物种多样性和遗传多样性3个层次。其中,物种的数量是衡量生物多样性丰富程度的基本标志。因此,对寒地野生大豆种质资源的保护是保护地球生物多样性的一部分。

生态系统多样性主要是指地球上生态系统的组成、功能的多样性及各种生态过程的多样性,包括生境的多样性、生物群落和生态过程的多样性等多个方面。

物种多样性是指物种丰富度及其可维持程度,是衡量一定地区生物资源丰富程度的客观指标。在描述一个国家或地区的生物多样性的丰富程度时,最常用的指标即物种多样性。物种多样性是生物多样性的关键,它既体现了生物及环境之间的复杂关系,又体现了生物资源的丰富性。

遗传多样性是指地球上生物所携带的各种遗传信息的总和。这些遗传信息储存在生物个体的基因之中。因此,遗传多样性也就是生物遗传基因的多样性。任何一个物种或一个生物个体都保存着大量的遗传基因,可被看作基因库。基因的多样性是生命进化和物种分化的基础。在生物长期演化的过程中,遗传物质改变(或突变)是遗传多样性产生的根本原因。此外,基因重组也可以使生物产生遗传变异。

物种多样性显示了基因多样性,基因多样性带来了物种多样性,物种多样性与多型性的生境构成了生态系统的多样性。因此,生物多样性是遗传多样性、物种多样性和生态系统多样性3个层次相互依存的复杂的生物学复合体系。由于对自然资源的合理利用和对生态环境的保护是人类实现可持续发展的基础,因此,对生物多样性的研究和保护已经成为世界各国普遍重视的问题。在自然科学的诸多分支中,保护生物多样性是当前最紧迫的任务之一,也是全球生物学界共同关心的焦点问题之一。

2. 生物多样性的作用

第一,多种多样的生物是全人类共有的宝贵财富,更是人类社会赖以生存和发展的基础。保护生物多样性、合理利用自然资源和保护生态环境是人类实现可持续发展的根本。

生物多样性为人们提供了食物、纤维、木材、药材和多种工业原料。人们的食物全部来源于自然界,维持良好的生物多样性,人们的食物品种会不断丰富,人民的生活质量就会不断提高。第二,生物多样性可以维护自然界的生态平衡,保护良好的生物多样性可以调控地球表面的温度、大气层成分、地表沉积层氧化还原电位及 pH 值等,为人类的生存提供良好的环境条件。同时,生物多样性也是生态系统不可缺少的组成部分,有利于保持土壤肥力、保证水质及调节气候等。人们依靠生态系统净化空气、水,并丰腴土壤。例如,地球早期的大气中含氧量很低,由于植物的光合作用,现今地球大气层中的含氧量约为 21%。据科学家估计,一旦失去了植物的光合作用,大气层中的氧气将会在数千年内消耗殆尽。我国的黄河流域曾是中华民族的摇篮,在几千年以前,那里有着十分富饶的土地,其间树木林立,百花芬芳,常有各种野生动物出没。但由于长期的战争及人类过度开发利用,黄河流域一度变成生物多样性十分匮乏的地区,水土流失严重,自然灾害频发,给人们的生存和生活带来极大的威胁。近年来,由于采用了人工植树等措施,该地区的生态环境才得到不断改善。第三,维持良好的生物多样性,有益于对一些珍稀濒危物种的保护。任何一个物种一旦灭绝,便永远不可能再生,那么人类将永远丧失这些宝贵的生物资源。而保护生物多样性,特别是保护濒危物种,对于人类后代繁衍和科学事业的发展都具有重大的战略意义。同时,自然界的所有生物都是互相依存、互相制约的。每一个物种的绝迹,都预示着很多物种即将面临消亡。

(二)生物进化原理

依据现代生物学理论,原生境保护对于寒地野生大豆保护的意义更大。第一,变异是物种形成的原始材料,是物种形成的基础。寒地野生大豆种群存在着基因突变、基因重组,种群的基因频率总是在不断变化的,寒地野生大豆的进化过程实质上就是种群基因频率发生变化的过程。第二,自然选择决定物种形成的方向,是物种形成的主导因素。寒地野生大豆的各种适应性特征的形成原因既包括亲本的遗传,又包括适应变异。经过长期的自然选择,微小的有利变异得到积累而成为显著的有利变异,从而产生了适应特定环境的遗传特征。第三,隔离使群体分化,形成新物种。寒地野生大豆由于地理空间上的隔离、生态条件的差异,在不同种群间形成差异。

(三)最小可生存种群原理

最小可生存种群是指为了维持一个种群的生存活力,必须要保证有一定的个体数量,即最小临界个体数量,这个最小临界个体数量就是最小可生存种群。寒地野生大豆最小可生存种群既要考虑遗传演变对种群遗传变异损失和适合度下降的影响,又要考虑一定概率下寒地野生大豆存活一定时间所需的最小种群大小,以此应对个体出生和死亡的偶然变化、遗传漂变、环境改变和灾难性事件等。近 40 多年来,由于人类不当干扰的增多,越来越多的寒地野生大豆种群面积巨幅减小,数量急剧下降。因此,保护更多的最小可生存种群对于寒地野生大豆种质资源保护具有非常重要的意义。

三、种质资源原生境保护的模式

通常来讲,原生境保护主要有两种模式,一种是主流化(mainstreaming)保护模式,另一种是物理隔离(physical isolation)保护模式。

主流化保护模式主要指农场原生境保护(in situ conservation on-farm),也称为农场就地保护,是在传统农业种植体系中,由农民对当地开发的传统作物品种及其相关野生品种原生境的遗传多样性进行可持续管理。农场原生境保护涉及整个农业生态系统,包括有用的物种,以及可能生长在附近地区的野生近缘植物。农场就地保护需依赖于保护地农牧民的积极主动参与,以达到保护作物野生种或野生近缘种的目的,但该模式的保护效果很大程度上取决于保护地农牧民的参与保护意识。所以主流化保护模式一般在社会经济较发达、环保意识较强的国家和地区较为流行,我国开展作物野生近缘植物原生境的主流化保护模式较少。

物理隔离保护模式则是采取围墙或围栏等物理隔离措施在作物野生近缘种富集地建立保护区或保护点,阻止人、畜进入保护地或不允许在保护地周围进行有损生境条件的相关活动,从而起到对作物野生近缘种资源的保护目的。物理隔离保护模式包括保护区(protected area)、农家保护(on-farm preservation)和庭院保护(home garden preservation)等方式,保护区一般用于对作物野生种和野生近缘种的保存,而农家和庭院一般用于保存古老的地方品种。物理隔离保护模式的原生境保护的主要保存载体是植株。

1. 保护区

保护区的主要保护对象是作物野生种及野生近缘种。即在某一作物野生种或者野生近缘种丰富的原生长地区建立相应的保护措施,以在物种水平、生态水平上对其进行原生境保护。

2. 农家保护

农家保护是农民在原有农业生态系统中对已具有多样性的作物种群持续进行种植与管理。农家保护的主要保护对象是传统作物栽培品种或地方品种,其目的在于维持农作物的进化过程,以便继续形成种植作物或品种的多样性。

3. 庭院保护

庭院保护的保护方式与农家保护相似,但其受保护范围较小、种类相对较少的限制,主要保护无性繁殖植物,如一些果树、药用植物及其他无性繁殖作物等。在国外的乡村地区,庭院保护也是保护植物遗传多样性的重要方式,因为庭院中往往种植着各种各样且独具特色的植物,一般而言,这些植物材料往往都是珍稀的。

第二节　寒地野生大豆资源原生境保护区建设、现状及原生境保护策略

由于人口激增、人类活动和生态环境变化等诸多因素的影响,寒地野生大豆的生存环境遭到了侵蚀和破坏。寒地野生大豆居群的分布是动态的,居群的面积、密度和遗传结构处于变化之中。寒地野生大豆居群从诞生到消亡所持续的时间受气候、地理条件等的变化及人类活动的影响。因原生境保护有利于种质资源不断进化和变异以适应不断演变的自然环境,保护区是众多保护寒地野生大豆种质资源的手段中的首选,对于保持种质资源群落结构及生境生物多样性具有重要意义。

一、寒地野生大豆资源原生境保护区建设

原生境保护需要对寒地野生大豆种质资源进行充分、深入地考察,全面掌握寒地野生大豆种质资源的生境、地理分布、形态特征、种群大小。在此基础上增设更多的寒地野生大豆种质资源的自然保护区,实施原生境保护,形成多类型、多层次、多地带的原生境保护网络。建立观测站点可对这些寒地野生大豆种质资源群落实施长期监测,为科学保护提供有益的资料。要在考察众多野生大豆资源的基础上,对遗传多样性丰富的资源群落加大保护力量;在保持群落稳定的基础上扩大原生境面积,达到一定面积后申请设立寒地野生大豆原位保护区,以此来保护当地寒地野生大豆资源的遗传多样性。政府部门可通过立项加大对寒地野生大豆种质资源保护的资金投入。由于寒地野生大豆资源保护工作的公益性,国家可给予专项资金支持以维持其延续性和持续性。相关的科研单位也要加大立项申请,加强对种质资源的普查、收集、保存、研究和创新工作,不断挖掘和发现其中隐含的遗传资源,以实现其潜在的利用价值。

近30年来,对作物野生近缘物种的原生境保护被视为一项重要任务,在过去10年中,在植物遗传资源界的推动下,对作物野生近缘物种的就地保护在理论和方法上取得了重大进展。国际上有一套通用的程序,可作为设置保护区以保护作物野生近缘物种的规程,该规程包括如下几个模块。

(一)全国系统化的作物野生近缘物种保护规划

这一过程涉及在国家层面上规划对作物野生近缘物种多样性的原生境保护和移地保护。国家在作物野生近缘物种保护规划过程中提出的保护建议,使全国的作物野生近缘物种多样性在一个就地遗传储备网络中。

(二)创建一个作物野生近缘物种名录

作物野生近缘物种名录是指在一个确定的地理单元(地区、国家等)中发现的所有作

物野生近缘物种分类单元的清单,包括分类单元名称和分类权限。

(三)确定作物野生近缘物种名录的数目

确定要保护的作物野生近缘物种的数目是国家自然资源规划中一个重要的步骤。具体包括将名录上的作物野生近缘物种数目减至一个更易于管理和切合实际的数目等,以使其得到积极的保护。

(四)编制作物野生近缘物种清单

作物野生近缘物种清单是指在特定地理单元(地区、国家等)中列出的具有辅助信息的作物野生近缘物种分类群的清单,包括分类方法、生物学、生态地理学、种群、用途、威胁和保护等信息。

(五)优先作物野生近缘物种的分布和生态地理分析

这是整理和分析优先作物野生近缘物种的分布和生态地理数据的过程,通过分析这些数据来了解优先作物野生近缘物种分类群内部和各作物野生近缘物种分类群之间的多样性格局。分析结果有助于制订、建立和实施保护的计划。

(六)多样性分析:优先作物野生近缘物种的遗传数据分析

种质资源遗传多样性是生物多样性的核心,是育种和资源保护的基础。一般所指的遗传多样性是指种内的遗传多样性,即种内个体之间或一个群体内不同个体的遗传变异总和。遗传变异、生活史特点、种群动态及其遗传结构等决定或影响着一个物种与其他物种及与环境相互作用的方式。遗传多样性可以表现在多个层次上,如分子、细胞、个体等。通过对优先野生近缘物种的遗传多样性等进行遗传数据分析,可以帮助人们了解其在不同地理范围内遗传多样性的丰富性和均匀性;获得遗传基线信息,未来的遗传数据可与此进行比较,以检测遗传多样性的变化和查明遗传侵蚀;在每个分类群中确定要保护的种群的优先级;在改良作物时确定感兴趣的性状。

(七)优先作物野生近缘物种的潜在威胁评估

威胁评估是用来评估特定类群灭绝风险的过程。当没有关于优先作物野生近缘物种的威胁评估信息时,对优先作物野生近缘物种的潜在威胁评估可以在推进保护规划的同时进行,因为为多样性分析所收集的信息也可以用于进行这些评估。威胁评估可用于进一步加强对优先作物野生近缘物种的保护。

(八)优先作物野生近缘物种的空缺分析

利用空缺分析(GAP)确定作物野生近缘物种的原生境保护优先类群,识别这些类群保护中的"差距"。GAP 是一种有效评估野生物种的自然多样性的评价技术,可确定目标作物野生近缘物种是否有效地代表了多样性。

(九)气候变化分析

气候变化分析可用于确定最受气候变化影响的作物野生近缘物种,预测气候变化对物种分布的影响,制定对作物野生近缘物种就地保护和异地保护的建议。

（十）建立和实施原生境保护的优先事项

保护作物野生近缘物种的行动计划的部分目标是建立一个就地保护的地点网络,并对其进行长期、积极的保护,以保护作物野生近缘物种的遗传多样性,并可以可持续地使用作物野生近缘物种,这是对国家粮食安全的一种贡献。一旦确定了进行就地保护的适当地点,就可以开始建立地点网络。这些地点可选定在现有的保护区内,以作为专门用于保护作物野生近缘物种的新保护区,或作为作物野生近缘物种的非正式管理地点。

（十一）监测作物野生近缘物种种群及其栖息地

对植物种群的监测可以确保随着时间的推移,能够系统地收集植物种群的数据,以检测变化,确定这些变化的趋势,并测量它们的量级。监测作物野生近缘物种种群及其栖息地的目的是为模拟种群变化趋势提供数据,确保对种群规模和种群结构的变化趋势进行评估;提供种群遗传多样性变化趋势的信息,确定种群管理的结果并指导管理决策。

（十二）推广应用已保护的作物野生近缘物种多样性

作物野生近缘物种可以作为改良作物的基因供体,因此,对作物野生近缘物种的保护显然与对其进行应用有关。这种联系构成了人类持久粮食安全的基础,强调了促进可持续应用已保护的作物野生近缘物种多样性与对作物野生近缘物种多样性进行有效保护同等重要。

二、寒地野生大豆资源原生境保护区现状

1999年,我国农业部(现为农业农村部)开始进行农业野生植物保护规划,提出了保护农作物种质资源的一系列目标和行动建议,其中就包括对"珍、稀、濒危野生近缘植物的原生境保护"。目前,一些珍稀品种和重要的野生近缘植物正在迅速消失,同时,这些重要的野生近缘植物又很难在非原生境中生存,对这些处于濒危状态的重要野生近缘植物进行原生境保护显得尤为紧迫和重要。野生大豆是在1999年被列入《国家重点保护野生植物名录》的作物野生近缘植物之一,我国野生大豆占全球野生大豆总量的90%以上。截至2020年,黑龙江省设立了8个农业野生大豆原生境保护区,分布在巴彦县、延寿县、海林市、望奎县、塔河县、庆安县、桦南县,是拥有野生大豆原生境保护区最多的地区。

黑龙江省在东经122°19′~134°41′,北纬44°43′~53°29′,海拔46.6~550.6 m均有野生大豆分布。野生大豆主要分布地点:水塘边坡、河沟渠旁、管理粗放的水稻田埂,与杂草繁茂共生;柳条丛及小杨树苗圃内,野生大豆缠绕其上,与其他杂草伴生,此类生态环境光照充足,野生大豆生长得高大繁茂;乡村土路旁及田间荒地中;公路两侧偏坡及路旁荒地;村屯附近及农舍篱笆上;近些年垦荒管理粗放的大豆地、玉米地及小麦地边。黑龙江省是全国最重要的野生大豆原产地。我国连续出台了关于野生大豆保护的重要措施,要求对监测保护的情况进行直报。据黑龙江省农业环境保护监测站的专家介绍,经过多年

的保护,寒地野生大豆资源原生境保护取得了重要进展。

(一)黑龙江省巴彦县野生大豆原生境保护区

巴彦县是一个平原与丘陵相结合的半山区农业县,自然条件优越,生态环境良好,植物物种多样。野生大豆在全县范围内均有分布,属不规则松散分布,有的连片,有的呈现成堆、成丛生长。经过历史的演变,巴彦县孕育出了特有的农业野生大豆资源。早在中华人民共和国成立初期,全县有野生大豆资源2 333.3 hm^2,66.7 hm^2以上连片密集生长且便于保护的就有15片,面积达1 200 hm^2,这些野生大豆资源多数生长在江河沿岸的低湿地、平原中的草甸地和森林山区的沟谷地中,分布较广,生长良好,自然繁衍旺盛。然而,据2004年统计,巴彦县全境内野生大豆仅剩有156.7 hm^2,而且集中分布的较少,多数分布零散,长势很弱。

巴彦县农业技术推广中心于2005年向联合国开发计划署申请了野生大豆资源保护项目。项目区设置在巴彦县富江乡振发村,位于五岳河两岸。该区属非耕地区,地势低平,主要植被是薪炭林(柳条)、杂草、芦苇、蒿类等,是巴彦县仅有的面积最大、野生大豆资源最丰富、最有利于保护与可持续利用的野生大豆原生境。巴彦县野生大豆资源保护经全球环境基金会(GEF)项目专家组论证,被列为联合国开发计划署全球环境基金会资助的作物野生近缘植物保护与可持续利用项目。项目自2007年6月开始实施。

巴彦县野生大豆保护区基线面积29.9 hm^2。保护区目标物种种群密度为28 000株/hm^2,伴生植物主要有蒿类、杂草、柳条、刺菜、苋菜等。平均每2 m^2内有野生大豆5.6株,伴生植物110.6株,目标物种丰富度仅为4.96%。保护区内的野生大豆多数为圆叶类型,有一个样方为尖叶型,另有少数样方为圆叶、尖叶混合。

(二)黑龙江省延寿县野生大豆原生境保护区

2005年,我国投资107万元,在延寿县寿山乡寿山村野生大豆集中分布区,建立了占地面积550亩的野生大豆原生境保护区。随着延寿县实施"三林工程"建设,每年退耕还林、植树造林5万多亩,境内生态环境多样性得到了有效保护,经过长年的演变,孕育了丰富而又独具特色的农业野生大豆资源。

(三)黑龙江省海林市野生大豆原生境保护点

2005年,海林市"原生境野生大豆保护试点项目"被列为全省7个原生境野生大豆保护试点项目之一。目前至少还有3个野生大豆片区已申报至国家野生资源储备库,待审批。

(四)黑龙江省塔河县依西肯乡野生大豆自然生态群落

2005年,黑龙江省塔河县依西肯乡发现了面积约3 000 m^2的连片野生大豆自然生态群落。塔河县依西肯乡位于东经124°51′~125°47′,北纬52°35′~53°08′,地处塔河县境东北部、黑龙江上游右岸,与俄罗斯隔江相望。

(五)黑龙江省望奎县野生大豆原生境保护区

望奎县野生植物原生境保护区始建于2005年,设立在望奎县第一良种场村(屯),总面积500亩,其中,核心区200亩,缓冲区300亩。土地归属权为望奎县第一良种场。该保护区被保护的目标物种为野生大豆,主要伴生植物物种为杞柳。保护区区域内地势低平,原始植被繁茂;保护区生境类型为附生,主要植被类型为寒带植被;土壤类型为草甸黑土;气候类型为北温带大陆性半湿润季风气候。保护区内生长着原始的野生大豆,这些野生大豆或缠绕在其伴生植物上生长,或匍匐在地面上生长。一年生野生大豆靠稆生繁殖。

(六)黑龙江省庆安县野生大豆原生境保护点

庆安县野生大豆原生境保护点始建于2012年,设立在庆安县发展乡发源村九间房屯东南,依吉密河的北岸。该保护点距县城35 km,总面积450亩,其中,核心区150亩,缓冲区300亩;项目总投资为190万元。该保护点的主要保护目标物种为野生大豆;区域大部分为湿地;生境类型为草原生态系统;土壤类型为草甸土;植被类型为灌木、草甸,主要植被是小灌木、草丛、蒿类等;气候类型为寒温带大陆性季风气候。

三、寒地野生大豆资源原生境保护策略

(一)全面开展调查,制定保护规划,采取有效的保护措施

黑龙江省寒地野生大豆资源丰富,科研部门应与政府部门积极配合,尽快系统地考察盲点地区,全面调查寒地野生大豆的分布状况,并建立农业野生大豆资源数据库。根据野生大豆种群所处位置的实际情况,因地制宜地制定保护规划,将原生境保护或移地保护等多种保护措施相结合,有效地保护野生大豆资源,以便于对野生大豆资源开展研究和利用。

(二)建立组织管理机构,加强机构和队伍建设,逐步健全组织管理体系

已建成的原生境保护区(点)应建立组织管理机构,落实责任,明确任务,定时进行检查和监督工作。同时对机构内工作人员要加强农业野生植物保护专业知识与技能的培训,提升其管理能力、机构建设能力和组织能力建设等,使保护区(点)管理机构成为专业、高效的管理机构,也使相关管理人员具有高素质和较强的专业业务能力。

(三)强化宣传和培训活动

野生大豆通常被百姓称为"涝豆秧子",在农田里都当作杂草来处理。相关机构和政府部门应加强群众对野生大豆重要性的认识,使其主动保护野生大豆资源。在2020年黑龙江省农业科学院与黑龙江省广播电视台联合主办的直播节目"科技助农在线帮"中,大豆专家极力呼吁农民保护野生大豆资源,对发现的野生大豆材料及时上报,以便专家进行收集和考察。该节目还同步在快手平台播出,扩大了受众人群,极大地提高了人们对野生大豆重要性的认识。在强化宣传的同时还应在适宜地区,尤其是野生大豆分布比较集中的地区以及野生大豆原生境保护区周边适时举办培训讲座,宣传《中华人民共和国野生植

物保护条例》《农业野生植物保护办法》及《农业野生植物原生境保护点建设技术规范》《农业野生植物原生境保护点监测预警技术规程》等相关文件,增强当地干部、群众保护野生大豆资源的意识。

(四)争取农业野生植物保护的专项资金,加强科技与其他资金投入

保护野生大豆资源,建立野生大豆原生境保护区(点),并对保护区实施管理和监测是一项长期而艰巨的工作,政府部门应给予原生境保护区(点)的管理机构、工作人员持续和充足的资金支持,使他们能够维持对保护区(点)的正常管理、巡视、考察等工作。同时,也应该注意兼顾保护区(点)农民的利益,制定优惠政策,广泛吸收社会各方面投资,全面推进野生大豆资源保护事业的发展。

(五)严格落实各项法规制度,依法加强监督管理

政府部门要强化对原生境野生大豆资源的管理,统筹协调行业部门之间的权属差异,突出农业野生植物资源保护的目标。政府部门要明确农业野生植物保护工作的重要性,从法律法规的角度来解决农业野生植物原生境保护区(点)的土地权属纠纷,保证原生境保护区(点)的建设工作顺利开展。

(六)强化原生境保护技术研究与应用

相关机构应积极开展协作攻关,研究解决现实中野生大豆原生境保护面临的问题,做好对原生境野生大豆资源优异性状的挖掘和鉴定,实现在保护中利用、以利用促保护的良性循环。对于原生境保护过程中出现的新问题,如原生境保护群体等位基因频率的变化、遗传漂变、选择和基因流对原生境保护群体的影响,气候变化对作物野生近缘种生物群落的影响等,应进行监测和深入的研究,以应对未来适应性动态育种的需求。

(七)积极发展主流化保护模式(即作物野生近缘物种的农场就地保护)

主流化保护模式是指以农民为主体,由农民对当地开发的传统作物品种及其相关的野生品种的遗传多样性进行可持续管理。通过经济社会的发展改善资源贫乏地区农民的生活水平,维持或增加农民对作物遗传资源的控制和获取。主流化保护模式依赖于保护地农牧民的积极主动参与,以达到保护作物野生种或野生近缘种的目的,其保护效果在很大程度上取决于保护地农、牧民的参与保护意识。

第三节 寒地野生大豆资源原生境保护技术

我国制定了《农业野生植物原生境保护点 监测预警技术规程》(NY/T 2216—2012)和《农业野生植物原生境保护点建设技术规范》(NY/T 1668—2008)等一系列技术规范。这些技术规范对农业野生植物原生境保护的工作程序、保护区(点)的选择原则与保护区(点)的建设和管理等做出了规定。

一、原生境保护区(点)设置规范

(一)原生境保护区(点)的选择原则

原生境保护区(点)的选择原则包括:生态系统、气候类型、环境条件应具有代表性;农业野生植物种群较大和(或)形态类型丰富;农业野生植物具有特殊的农艺性状;农业野生植物濒危状况严重且危害加剧;远离公路、矿区、工业设施、规模化养殖场、潜在淹没地、滑坡塌方地质区或规划中的建设用地等。

(二)原生境保护区(点)建设标准

1. 在土地规划方面的规定

应对纳入保护点的土地进行征用或长期租用。如果保护区(点)的土地没有被农民承包,为乡(镇)或村集体所有,则将其收归国有;如果保护区(点)的土地已被农民承包,则采取长期租用方式。核心区即在原生境保护区(点)内未曾受到人为因素破坏的农业野生植物天然集中分布区域,又称为隔离区。根据被保护野生植物的分布,将保护区(点)划分为核心区(隔离区)和缓冲区,核心区面积大小依据被保护的野生植物集中分布区域面积而定。缓冲区为核心区外对核心区起保护作用的缓冲地带,此区域可供农业野生植物自然繁衍以及从事科学研究和观测活动。缓冲区的宽度视被保护野生植物的授粉习性而定。自花授粉植物的缓冲区应为核心区边界外围 30~50 m 的区域,异花授粉植物的缓冲区应为核心区边界外围 50~150 m 的区域。缓冲区的宽度应因地制宜进行划分,如核心区周围为自然水体、山崖等天然屏障,可以不设其他缓冲区,而将这些天然屏障全部纳入缓冲区范围。

2. 对隔离设施的要求

应在核心区和缓冲区外围分别设置隔离设施,隔离设施有 3 种,分别为陆地围栏、水面围栏和生物围栏。

陆地围栏:用铁丝网做围栏,围栏的立柱应为高 2.3 m、宽 20 cm 的方形钢筋水泥柱,每根立柱中至少有 4 根 $\varphi 12$ 的麻花钢或普通钢,外加 $\varphi 6$ 套,水泥保护层厚度应为 1.5~3.0 cm,铁丝网为 $\varphi 2.5~3.0$ 镀锌丝 + $\varphi 2.0~2.5$ 刺。立柱埋入地下深度不小于 50 cm,间距不大于 3 m;铁丝网间距 20~30 cm,基部铁丝网距地面不超过 20 cm,顶部铁丝网距立柱顶不超过 10 cm,两立柱之间呈交叉状斜拉 2 条铁丝网。

水面围栏:根据水面的大小和深度而定,立柱为直径不小于 5 cm 的钢管或直径不小于 10 cm 的木桩(或竹桩),立柱高度应为最高水位时的水面深度值加 1.5 m,立柱埋入地下深度不少于 0.5 m。铁丝网设置与陆地围栏要求一致,铁丝网高度为最低水位线至立柱顶端。

生物围栏:可利用当地带刺植物种植于围栏外围,用作辅助围栏。

3. 对标志碑和警示牌的要求

标志碑设置于缓冲区大门旁,警示牌固定于缓冲区围栏上。标志碑为 3.5 m ×

2.4 m×0.2 m 的混凝土预制板碑面,底座为钢混结构,埋入地下深度不低于 0.5 m,高度不低于 0.5 m。标志碑正面应有保护点的全称、面积和被保护的物种名称、责任单位、责任人等标识。标志碑的背面应有保护点的管理细则等内容。警示牌为 60 cm×40 cm 规格的不锈钢或铝合金板材,一般设置的间隔距离为 50~100 m。

4. 对看护房和工作间的要求

看护房和工作间设置于缓冲区大门旁。看护房和工作间为单层砖混结构,总建筑面积为 80~100 m²。看护房和工作间的设计按《建筑抗震设计规范》(GB 50011—2010)(2016 年版)。

5. 对瞭望塔的要求

瞭望塔设置于缓冲区外围地势最高处。瞭望塔面积应为 7~8 m²,高度 8~10 m,为塔形砖混结构或塔形钢结构。瞭望塔的设计按《建筑抗震设计规范》(GB 50011—2010)(2016 年版)。

6. 对保护区内工作道路的要求

工作道路沿缓冲区外围修建,路面采用沙石覆盖,不宽于 1.8 m。

7. 对排灌设施的要求

必要时,可在缓冲区外修建灌溉渠、拦水坝、排水沟等排灌设施。拦水坝蓄水高度应能保持核心区原有水面高度;排水沟采用水泥面 U 底梯形结构,上、下底宽度和高度视当地洪涝灾害严重程度而定。

二、原生境保护区(点)建设实施程序

原生境保护区(点)建设依据物种资源调查、优先作物野生近缘物种的选择和确定、遗传多样性分析、拟保护种群的选择、保护方式的确定来设计保护方案。

(一)建立保护机构

可在原生境保护区(点)所在县(市)政府成立农业野生植物保护工作机构,机构负责人一般应由当地县(市)有关行政领导兼任。工作机构成员应包括野生植物保护、环境保护、基建、预算、森林公安等方面的人员,并具体负责保护区(点)建设的规划、设计、招投标和监督实施等。

(二)保护方案实施程序

工程招投标:根据《中华人民共和国招投标法》和有关地方法规、政策的规定,对项目工程建设内容进行招投标。

施工与管理:工程中标单位应严格按照设计方案进行施工。在材料的运输、放置、使用过程中,严禁破坏或污染农业野生植物及其栖息地,尽可能减少施工对农业野生植物生长造成的危害。如施工中遇特殊情况不能按设计方案施工,必须申请修改设计方案,待审批后方可按新的设计方案施工。项目执行小组随时监督施工进度和质量,如果发现设计方案不利于野生植物保护,应及时停止施工,提出修改设计方案的建议,报批后方可按新

的设计方案施工。

验收:施工完成后,项目执行小组按照项目审批单位要求提出验收申请,填写验收表格,提供验收资料,由项目审批单位组织有关专家进行验收。验收专家应包括农业野生植物保护、环境保护、工程设计、财务等方面的专业技术人员。

三、原生境保护区的管理

(一)建立管理工作小组

保护区(点)所在县(市)农业行政主管部门应建立保护区(点)管理工作小组。管理工作小组原则上与农业野生植物保护领导小组一致,负责保护区(点)的协调、监督和检查。

(二)聘用专职管理人员

每个保护区(点)设专职管理人员1~2名。管理人员应经过野生植物保护知识培训,承担保护区(点)设施维护、被保护植物生长发育情况的观察和记录、被保护植物的养护等任务,严防和制止破坏、偷盗保护区(点)设施及被保护野生植物的行为发生。

(三)宣传、教育与培训

(1)利用地方广播电台、电视台和报纸等媒体,制作电视专题片、专题广播和通讯报道专栏等,广发宣传保护农业野生植物的重要性、农业野生植物保护法律法规和有关保护知识。

(2)组织专家对保护区(点)所在村的村民进行集中培训,宣讲农业野生植物保护的法律法规、政策和有关保护知识,使当地村民自觉地参与到农业野生植物保护活动中。

(3)组织专家对保护区(点)管理等相关人员进行农业野生植物原生境保护相关知识培训,提高管理能力和水平。

(四)设施维护和农业野生植物养护

管理人员应每天观察各种设施的状况,发现设施受损时,应立即进行修补或更换。当发现被保护农业野生植物生长环境发生变化时,如周围其他植物生长太茂盛、发生严重病虫害或旱灾、水灾等情况,应进行除草、防病虫及采取减轻旱涝灾害等措施,保证被保护农业野生植物维持原有的生态环境。

(五)建立保护植物档案

定期对保护区(点)内被保护的野生植物的生长、发育等情况进行观察记录,观察记录的内容包括物种、变种、类型、种群、个体数、种群面积、生长发育、伴生植物种类和变化,以及降水量、光照、气温、土壤情况;对所有观察记载的数据和原始资料进行整理汇总,归档管理。

四、原生境保护区资源与环境监测预警

我国于2012年发布了《农业野生植物原生境保护点监测预警技术规程》(NY/T

2216—2012),该标准由我国农业部(现为我国农业农村部)发布,于2013年3月1日起执行。该标准规定了农业野生植物原生境保护区(点)监测预警管理中监测和预警方案的设计、内容及方法、结果管理,适用于国家农业野生植物原生境保护点资源和环境监测及预警。

(一)监测和预警方案的设计

1. 监测点设置

在农业野生植物原生境保护区(点)内,根据保护区(点)面积,随机设置20～30个监测点。每个监测点样方,根据目标物种和伴生植物的种类、生长习性与分布状况,划分为圆形或正方形,圆形样方半径宜为1 m、2 m或5 m,正方形样方边长宜为1 m、2 m或10 m。

在农业野生植物原生境保护点外不设置监测点,但应对其周边可能影响目标物种生长的环境因素和人为活动进行监测,如水体、林地、荒地、耕地、道路、村庄、厂(矿)企业、养殖场、污染物或污染源等。

2. 监测时间

每年定期监测两次,选择在目标物种生长盛期和成熟期进行。遇突发事件如地震、滑坡、泥石流和火灾等或极端天气情况如旱灾、冻灾、水灾、台风和暴雨等,应每天进行监测。

3. 基础调查跟踪检测

农业野生植物原生境保护区(点)建成当年,对保护区(点)内的植物资源和环境状况进行调查,获得保护区(点)植物资源与环境状况的基础数据信息。此后,每年相同时间按照相同的方法,持续对保护区(点)内植物资源和环境状况进行调查。

4. 监测数据和信息的整理与分析

每年对调查获得的监测数据和信息进行整理,并与保护区(点)建成当年获得的监测数据和信息进行比较,对差异明显的监测项目应重复监测,确有差异时应分析造成差异的原因及预测其是否对目标物种构成威胁。

5. 预警方案

预警级别划分:根据监测与评价结果,将预警划分为一般性预警和应急性预警两类。

一般性预警:针对监测发现的问题,提出应对策略和采取措施的具体建议,并逐级上报。上级主管部门应及时对上报信息进行分析,提出处理意见和措施。

应急性预警:遇突发事件如地震、滑坡、泥石流和火灾等或极端天气情况如旱灾、冻灾、水灾、台风和暴雨等,应每天对监测数据和信息进行分析,直接上报至国家主管部门。国家主管部门应及时对上报信息进行分析,提出处理意见和应急措施,并及时指导采取应急措施。

(二)监测内容及方法

1. 资源监测

目标物种分布面积:利用全球定位系统(GPS)仪沿保护区(点)内目标物种的分布进行环走,得到的闭合轨迹面积即为目标物种的分布面积,用hm^2表示。

目标物种种类数:采用植物分类学方法,统计保护区(点)内列入《国家重点保护野生植物名录》的科、属和种及其数量。

每个目标物种数量：统计每个样方内各目标物种数量，计算所有样方内各目标物种的平均数量，根据目标物种分布面积与样方面积的比例，获得各目标物种在保护区（点）内的数量（株或苗）。

伴生植物种类数：采用植物分类学方法，统计保护区（点）内伴生植物的科、属和种及其数量。当保护区（点）内目标物种为一个以上时，目标物种间互为伴生植物。

伴生植物数量：按与每个目标物种数量相同的统计方法，计算每个伴生植物的数量，再根据伴生植物种数计算所有伴生植物的总数（株或苗）。

目标物种丰富度：根据保护区（点）内所有目标物种与伴生植物的数量，计算每个目标物种的数量占所有植物数量的百分比，即得到目标物种丰富度。即某个目标物种丰富度＝［某个目标物种数量/（目标物种数量＋所有伴生植物的总数）］×100％。

目标物种生长状况：采取目测方法，对每个样地目标物种生长状况进行评价，用"好、中、差"描述。其中，"好"表示75％以上的目标物种生长发育良好；"中"表示50％～75％的目标物种生长发育良好；"差"表示低于50％的目标物种生长发育良好。

2. 环境监测

对保护区（点）内及其周边的水体、林地、荒地、耕地、道路、村庄、厂（矿）企业和养殖场等进行调查，监测各项环境因素在规模和结构上是否有明显变化。如有明显变化，则评估其变化是否对保护区（点）内的农业野生植物正常生长状况构成威胁及威胁程度。

3. 气候监测

通过当地气象部门，记录保护区（点）所在区域当年降水量、活动积温、平均温度、最高和最低温度、自然灾害发生情况等信息。对每年获得的气象记录和自然灾害发生情况等信息进行比较和分析，评估其对保护区（点）内农业野生植物正常生长状况的影响。

4. 污染物监测

实地调查保护区（点）内及其周边是否存在地表污染物（如废水、废气、废渣等），若存在持续性废水、废气、废渣，查清其污染源，并按照《环境空气质量标准》（GB 3095—2012）、《地表水环境质量标准》（GB 3838—2002）、《固定污染源排气中颗粒物测定与气态污染物采样方法》（GB/T 16157—1996）及《农区环境空气质量监测技术规范》（NY/T 397—2000）规定的监测方法、分析方法及采样方式进行监测。

5. 人为活动监测

随时掌握保护区（点）内人为活动状况，如出现采挖、过度放牧、砍伐、火烧等破坏农业野生植物正常生长情况时，应统计其破坏面积，分析其对该保护区（点）农业野生植物的影响。

(三) 结果管理

1. 监测数据库的建立

根据监测所获得的数据和信息，填写调查监测表，建立农业野生植物原生境保护区

(点)监测数据库。

2. 监测数据库与相关信息资料的保存

每次监测完成后,及时更新农业野生植物原生境保护区(点)监测数据库,并对监测过程中获得的各种数据、信息、影像资料等进行整理,按照国家有关保密规定连同原始记录一起分别以电子版和纸质版的形式进行保存。

3. 预警

一般性预警:对每个农业野生植物原生境保护区(点)的定期监测结果进行整理和分析,形成监测报告,定期上报上级管理机构。上级主管部门根据上报的信息和数据,提出应对措施,并指导实施。

应急性预警:遇到紧急突发事件时,撰写预警监测报告,并上报至国家主管部门。国家主管部门根据分析结果,提出应对措施,并指导实施。

4. 年度报告

年度报告对每个农业野生植物原生境保护区(点)资源及环境监测状况进行现状评价和趋势分析,同时对现有保护措施及其效果进行综合评价,并提出保护点下一步的管理计划,形成农业野生植物原生境保护区(点)年度资源环境评价报告书。年度报告定期向上级主管部门提交。

5. 保密措施

所有监测和预警的报告、数据、信息等均以纸质形式邮寄,上级管理机构规定必须以电子版上报的报告、数据和信息等均刻录成光盘后邮寄。农业野生植物原生境保护区(点)监测信息由国家级管理机构统一依法对外发布,未经许可,任何单位和个人不得对外公布或者透露属于保密范围的监测数据、资料、成果等。

参考文献

[1] 郑晓明,陈宝雄,宋玥,等.作物野生近缘种的原生境保护[J].植物遗传资源学报,2019,20(5):1103-1109.

[2] 郑殿升,杨庆文.中国的农业野生植物原生境保护区(点)建设[J].植物遗传资源学报,2004,5(4):386-388,396.

[3] 郑殿升,杨庆文,刘旭.中国作物种质资源多样性[J].植物遗传资源学报,2011,12(4):497-500,506.

[4] 张维友,王秀波,孟东辉.保护野生大豆原生环境 增强大豆产业国际竞争力[J].吉林农业,2015(17):47.

[5] 阮仁超,陈惠查,金桃叶,等.保护作物种质资源 推进改良创新利用:今后贵州作物品种资源研究工作的思考[J].种子,2002(4):75-77.

[6] 孙玉芳,雷波,张宏斌,等.我国农业野生植物资源原生境保护区建设现状、问题及未来的思考[J].中国农业资源与区划,2016,37(6):224-228.

[7] MILLER R E, KHOURY C K. The gene pool concept applied to crop wild relatives: an evolutionary perspective[J]. North American Crop Wild Relatives,2018,1:167-188.

[8] FIELDER H, BURROWS C, WOODMAN J, et al. Enhancing the conservation of crop wild relatives in wales[J]. New Journal of Botany,2015,5(3):178-191.

[9] PARRA-QUIJANO M, DRAPER D, IRIONDO J M. GIS-based evaluation of the in situ conservation of a crop wild relative: the case of Spanish lupins[J]. Bocconea,2007,21:105-116.

[10] HOLLY A V. Developing methodologies for the global in situ conservation of crop wild relatives[D]. Birmingham: University of Birmingham,2016.

[11] PHILLIPS J, MAGOS B J, VAN OORT B, et al. Climate change and national crop wild relative conservation planning[J]. Ambio,2017,46(6):630-643.

[12] VINCENT H, AMRI A, CASTAÑEDA-ÁLVAREZ N P, et al. Modeling of crop wild relative species identifies areas globally for in situ conservation[J]. Communications Biology,2019,2(1):136.

[13] MEILLEUR B A, HODGKIN T. In situ conservation of crop wild relatives: status and trends[J]. Biodiversity and Conservation,2004,13(4):663-684.

[14] LABOKAS J, MAXTED N, KELL S, et al. Development of national crop wild relative conservation strategies in European countries[J]. Genetic Resources and Crop Evolution,2018,65(5):1385-1403.

[15] BREHM J M, KELL S, THORMANN I, et al. New tools for crop wild relative conservation planning[J]. Plant Genetic Resources,2019,17(2):208-212.

[16] JARVIS D I, MYER L, KLEMICK H, et al. A training guide for in situ conservation on-farm[M]. Version 1. Rome: International Plant Genetic Resources Institute,2000.

[17] FIELDER H, BROTHERTON P, HOSKING J, et al. Enhancing the conservation of crop wild relatives in England[J]. PLOS ONE,2015,10(6):e0130804.

[18] MAXTED N, DULLOO E, FORD-LLOYD B V, et al. Gap analysis: a tool for complementary genetic conservation assessment[J]. Diversity and Distributions,2010,14(6):1018-1030.

[19] JENNINGS M D. Gap analysis: concepts, methods, and recent results[J]. Landscape Ecology,2000,15(1):5-20.

[20] 王棒,关文彬,吴建安,等.生物多样性保护的区域生态安全格局评价手段:GAP分析[J].水土保持研究,2006(1):192-196.

[21] 方嘉禾.农作物种质资源保护现状及行动建议[C]//中国科学院生物多样性委员

会.第四届全国生物多样性保护与持续利用研讨会论文集:2000年卷.北京:中国林业出版社,2000:55-62.

[22] 王英.巴彦县的野生大豆资源亟待保护对策[J].黑龙江农业科学,2009(3):56-57.

[23] 齐宁,王英,陈海山,等.黑龙江省巴彦县野生大豆资源状况与生态环境监测评估[J].大豆科学,2009,28(6):1085-1088.

[24] 牟玉红,李岩,王成会,等.大安市野生大豆资源保护对策[J].吉林农业,2019(23):83.

[25] 王岩,陈爱国,路明祥,等.辽宁省部分地区野生大豆资源考察与收集[J].辽宁农业科学,2017(1):17-21.

[26] 林红,齐宁,李向华,等.黑龙江省野生大豆资源考察研究[J].中国油料作物学报,2006,28(4):427-430.

[27] 杨庆文,秦文斌,张万霞,等.中国农业野生植物原生境保护实践与未来研究方向[J].植物遗传资源学报,2013,14(1):1-7.

第四章 寒地野生大豆资源收集与异地保存

第一节 寒地野生大豆资源的考察与收集

一、我国野生作物种质资源普查与收集

我国农作物种质资源的调查、收集工作起步于 20 世纪 70 年代末。1978 年以来,我国开始组织专业科技人员,针对重点地区农作物种质资源和重要农业野生植物种质资源开展调查、收集工作。特别是针对重要农业野生植物种质资源,做了大量工作。我国幅员辽阔,生态环境多样,孕育了大量农作物野生近缘植物种质资源,是世界公认的八大作物起源中心之一。改革开放之后,我国广泛开展了野生大豆、野生稻、小麦野生近缘植物等国家重点保护农业野生植物种质资源和其他野生植物种质资源的全国性调查、收集工作,共收集野生植物种质资源 50 000 余份。另外,过去 10 年来,我国非常重视从国外引进种质资源,从 30 多个国家收集、引进种质资源 23 068 份。

自 2001 年起,我国农业农村部选择《国家重点保护野生植物名录》中濒危状况严重、对农业可持续发展具有重要战略意义的农业野生植物物种,在国际上率先开展原生境保护区(点)建设工作。截至 2013 年底,我国已建成 59 个重要农业野生植物物种的 169 个原生境保护区(点),抢救性保护了一批重要的农业野生植物资源,有效保护了众多对未来作物育种和生产具有重要潜在利用价值的优良基因。

截至 2012 年底,我国共完成 145 000 份(次)主要农业植物种质资源的抗病虫、耐逆和品质性状的特性鉴定,包括粮食作物 7 025 份、棉花 1 876 份、油料 2 024 份、蔬菜 1 806 份、其他作物 1 800 份。其中,评价并筛选出 3 170 份特性突出、有育种价值的种质资源。例如,通过对不同作物、不同病害分生理小种进行接种鉴定,筛选出一批抗性突出的优异种质资源,抗水稻纹枯病种质资源"沈农 265""靖粳 7 号"等;高抗小麦条锈病的"陇鉴 64""贵农 22"等。在人工控制逆境环境下,鉴定并筛选出部分耐逆境种质,包括水稻孕穗期强耐冷种质"铁 9868""06 - 2405"等;小麦强全生育期高抗旱种质"石家庄 407""延安 18"。此外,还通过对主要作物营养品质、加工品质的综合分析,评价并筛选出一批品质特性突出的优异种质资源,例如,具有优质亚基组合的小麦种质资源"湘 1433""涡 80""花培 726"以及具有良好加工品质的"强筋麦花 850512""中 4"等。

二、我国野生大豆资源考察与收集

我国野生大豆资源考察与收集工作可分为3个历史阶段。

第1阶段(1978—1982年):"全国野生大豆考察专项"搜集并保存在国家长期种质库的资源为5 939份(百粒重15 g以下)。在所考察的全国1 245个市(县)中,有野生大豆分布的为823个市(县)(66.1%),除新疆维吾尔自治区、青海省、海南省以外,在各地都有分布。

第2阶段(1996—2000年):"九五"期间在重点地区和特殊地区补充收集,在内蒙古自治区中部、山东省、江苏省、湖北省、河南省、河北省补充收集了野生大豆资源600份(种群),并保存在国家长期种质库486份、临时库114份。

第3阶段(2001—2010年):在国家公益项目支持下,持续在全国各地补充和收集野生大豆资源。第一次全国野生大豆收集工作为我国野生大豆资源研究工作奠定了最重要的基础,收集到的野生大豆资源累计为全国20个教学和科研单位提供了研究和育种亲本材料14 000余份(次)。

经过30多年,我国学者对野生大豆的研究在各领域均取得进展,如物种特性的细胞学和胚发育、生态学、温光特性、植物学与地理分布、遗传多样性、性状与进化和物种系统演化的遗传结构。野生大豆在大豆资源创新及育种利用上发挥了重要作用。

国家种质库保存的野生大豆资源收集品的来源在全国范围内的分布并不均衡,东北三省资源数量占据保存数量的一半,西部地区资源数量明显偏少,这与野生大豆在这些地区的分布密度低、地理条件复杂和收集工作比较困难有关。野外收集和种质库保存是植物遗传资源非原生境保护的一种形式,相对而言,自然条件下的原生境保护能够不断地积累遗传变异,但是原生境保护也时刻受到自然灾害的威胁,所以定期且不断地进行资源收集对野生大豆资源保护是重要的。李向华等用在5个县收集的38份资源与27份新收集的资源进行了60对简单重复序列(SSR)引物比较,发现了62个新电泳带,约占总体(570带)的10.9%。第1阶段和第2阶段全国考察后,还有许多地区或区域的野生大豆资源没被收集,即使是对曾经收集过的市(县)再进行补充收集时,采集点或居群也不会是完全相同的。所以,补充收集野生大豆资源十分必要且有重大意义。2001—2010年,中国农业科学院作物科学研究所一直单独或组织当地科研人员进行全国野生大豆资源补充收集工作,考察了全国19个省(自治区、直辖市),国家种质库的野生大豆资源收集品种数量逐年增加。

(一)考察范围

2002—2010年,我国考察了19个省(自治区、直辖市),其中在17个省(自治区、直辖市)收集了种质资源。这些考察地区包括我国南、北方的野生大豆分布区,生态条件和土壤条件差异极大。最北部的收集点在黑龙江省漠河市漠河乡北极村,最南部收集点在广东省连山壮族瑶族自治县太保镇白沙村。2006年8月20日,科研人员在西藏自治区察隅县进行了野生大豆考察。

（二）种质收集

科研人员在每年秋季种子成熟季节（9月底至11月初）进行考察，采集种子。以居群为单位（份）混合采集。在一个市（县）范围内，每份资源空间距离为2~20 km。在同一空间范围内，对于明显生长在不同生境下的居群，按不同资源（份）进行采集。在居群内随机采种，采种间隔至少10 m（极小群体例外），尽量保证有30个单株以上。对于小居群，根据实际情况确定适宜间隔。对于极小居群（如5 m² 以下），只采集植株部分种子，留下其余种子。对于半野生类型植物进行单株采集。对每份资源同时采集 GPS 定位信息和环境照片，并记录生境等有关信息。

（三）性状鉴定

将每份资源（居群）采集的种子在当地进行种植并进行形态鉴定。参考《农作物种质资源收集技术规程》和《农作物种质资源整理技术规程》。形态鉴定时将每份资源混合种植，调查基本性状，如叶形、花色、株高、百粒重、种皮色、生育期、开花期。对于形态质量性状，记录实际的性状类型（数目），数量性状中的株高是观察到的最高值，百粒重是混合种子的质量，开花期是第1朵花开的时间。对相应的研究，采用单株种植、调查和考种的方式。

（四）数据处理与分析

使用 SSR 标记测定遗传变异。使用 PowerMarker、FSTAT 2.9.3、STRUCTURE 2.1、NTSYScp version 2.1 软件进行相应的遗传多样性参数估计和有关研究分析。遗传参数包括多态位点百分率（Ap）、等位基因数（Na）、基因型（单元型，Hap）、香农指数（I）、实际观察杂合度（Ho）、期望杂合度（He）、等位基因丰富度（R）。

目前我国收集野生大豆6 000余份，约占世界野生大豆总数的90%。通过上述遗传多样性参数估计和有关研究分析发现，我国野生大豆中蕴藏着高蛋白、丰产、适应性广等生产潜势，是我国宝贵的资源财富，为世界大豆界所瞩目。

三、寒地野生大豆的形态特征、分类研究及资源考察与收集

黑龙江右岸为中国流域，属我国高寒地区，冬长夏短，大陆性季风气候，无霜期短，生育期热量资源不足。因为野生大豆在长期的自然选择过程中适应了它的生存环境，从而形成了不同的生态类型。黑龙江省农业科学院研究团队在1979—2019年间对黑龙江省寒地野生大豆资源进行了7次全面、系统的考察。先后对我国北部大、小兴安岭地区的黑河、呼玛、漠河等市（县）进行了大规模的野生大豆资源考察，发现这些地区均有野生大豆生存。测定了抽取的样本，种子蛋白质和脂肪平均质量分数分别为44.31%和8.44%。考察发现寒地野生大豆在黑龙江省分布广泛，多生长在水源附近、低洼地、林地周边，也有生长在田边、路旁及荒地上；其适应能力强，有些栽培大豆无法生存的地方，野生大豆也能

生存;在各种土壤类型(草甸土、暗棕壤、白浆土、黑土、黑钙土、沼泽土、盐土及火山灰土)上均有分布,其中,草甸土、暗棕壤、黑土上分布最多,盐土及火山灰土上分布较少。考察范围横跨6个积温带(第一至第六积温带),其中,北部漠河市、塔河县等寒冷地区的气温低、降水少、无霜期短,这里生长的野生大豆植株与其他地区相比较为矮小,叶、荚、种子也相对较小,百粒重多在1 g左右。与此相比,黑龙江省南部松花江流域,野生大豆生存条件大为改善,植株变大,株高变高,可达2 m以上。黑龙江省西部干旱及盐碱地区域,野生大豆呈零星分布,大多植株矮小,结实量相对较少,但耐逆性相对较强。考察确定漠河市北极村(53°29′N,122°19′E)为分布北界,佳木斯市抚远县黑瞎子岛(48°18′N,134°41′E)为分布东界。截至目前,黑龙江省寒地野生大豆资源的分布范围是44°43′~53°29′N,122°19′~134°41′E,海拔46.6~550.6 m。

黑龙江省野生大豆资源考察结果代表和反映了全省不同生态区,特别是反映了边远地区和边界县份的野生大豆分布和生长情况,可概括为:野生大豆在黑龙江省东部低洼地区数量多,生长繁茂;在西部干旱及盐碱地区域矮小、稀少;在北部高寒地区生育期短、零星分布;在中部黑土丘陵地区资源丰富,有大片群落;在南部平原丘陵地区类型多。在考察的大部分地区均有较大片的野生大豆群落繁衍(表4-1)。

表4-1 黑龙江省不同生态地区野生大豆资源情况

生态区	分布情况	叶型	其他性状
东部低洼地区	分布广、类型多,野生大豆分布东界在(48°18′N,134°41′E)	以椭圆叶、卵圆叶为主,也有披针叶、线形叶	植株繁茂,茎长1.2~2.8 m,最多分枝30~40个,百粒重1.0 g,有半野生大豆
西部干旱及盐碱地区域	矮小、稀少,有少量大片群落	以小椭圆叶为主	茎长0.4~1.5 m,分枝2~4个,叶小、粒少,百粒重0.7~0.8 g
北部高寒地区	零星分布,野生大豆分布北界在(53°29′N,122°19′E)	以披针叶为主,也有线形叶、椭圆叶	茎长0.6~1.0 m,百粒重1.2 g,叶片肥厚,生育期短
中部黑土丘陵地区	资源丰富,有大片群落	以卵圆叶、披针叶为主	植株较繁茂,平均茎长1.5 m,百粒重0.8~1.5 g
南部平原丘陵地区	点片分布	以长卵圆叶为主,有各种叶形分布	类型多,较繁茂,百粒重1.2~2.0 g,茎长1.0 m以上,有半野生大豆

(一)寒地野生大豆的形态特征

野生大豆根系多分布在土壤表层,浅层根系均有根瘤着生,根瘤大,多着生于主根基部。茎细弱,蔓生,匍匐地面或缠绕在其伴生植物上,分枝多而不易与主茎区别,据各生态区考察,平均分枝 4 个,最多分枝可达 30 个,也有生长矮小无分枝的。节间长,尤其是长在草丛中的野生大豆,下部节间长度达 20 cm 以上,茎细长是其特征之一。也有少数野生大豆的茎基部稍直,茎和分枝模糊可辨。茎上绒毛多为棕色,也发现有的植株毛色浅,似灰白色。黑龙江省野生大豆全部为三出复叶,以椭圆叶、卵圆叶、披针叶为主。在野生状态下,少数地区有线形叶,有相当多的植株是同株异型叶,一般表现为基部着生小椭圆(小卵圆)叶,中部是长椭圆(长卵圆)叶,上部则为披针(线形)叶。野生大豆叶片小,但在不同生态环境下生长的野生大豆,特别是不同叶型野生大豆之间,叶片大小变化也很大,叶长 2.0~9.4 cm,叶宽 0.7~3.8 cm。在栽培条件下,野生大豆叶片变化更大。花紫色,短总状花序,为无限结荚习性,荚小而多,野生状态下每节结荚 1~7 个,每株结荚 30~50 个,最多每株结荚数为 239 个。在栽培条件下平均单株结荚可达 1 000 个以上,荚皮黑色居多,少数为深褐色,个别呈黄色,每荚育种子 1~4 粒,以 2 粒或 3 粒荚为多,成熟时有强烈炸荚习性,荚皮卷曲。种子为黑色小粒,百粒重 0.7~20 g,全部有泥膜(有的泥膜较少),无光泽,子叶呈黄色,粒形为椭圆形、圆形或肾形,脐呈黑色或褐色。

(二)寒地野生大豆的分类研究

野生大豆学者 Б. В. Скворлов 认为根据叶形可将东北地区北部的野生大豆分为两个变种,一个变种是 var. *lanceoloata* Skv.,在开花前为椭圆形叶,而在开花时(8 月),这些植物侧枝上的叶延长,形成披针形叶。每一花序 5 个花,个别为 7 个花。另一变种为 var. *ovata* Skv.,叶形为宽椭圆形。这种叶通常基部宽且是长椭圆形。花序发育较好,每一花序由 3~15 朵组成。В. Б. Енкен 参考 В. Л Комаров 等人的研究,认为可将野生大豆分为 4 个变种。

1. 典型野生大豆 var. *typica* Kom.

其茎强烈缠绕;小叶卵圆形、卵圆披针形或椭圆形,长 5~6 cm,宽 2 cm;不仅荚上有绒毛,而且在叶、叶柄和茎上也有棕色毛。

2. 窄叶野生大豆 var. *angusta* Kom.

其茎缠绕;叶片距离较远,小叶窄,由长披针形到近披针形;茎和叶柄绒毛不明显,色淡。此类野生大豆生长在沼泽性草原上。按叶大小和形状看,var. *angusta* Kom. 和 var. *lanceolata* Skv. 极相似,为卵圆形。

3. 短叶变种 var. *brevifolia* Kom. et Alis.

其茎缠绕轻;从基部开始分枝,下部叶片密集,上部叶不多,小叶长 1~3 cm、宽 1.5 cm,披针形叶长 2~3 cm、宽 0.5~2 cm;茎绒毛呈白色。此类野生大豆生长在沙地或河流、湖泊的岸边上。

4. 马氏变种 G. *soja* S. et Z var. *maximowiczi* Enk.

其植株与其他类型植株的叶大小、茎长短、豆荚长短及种子大小有显著差异。这种类型是上述 3 种野生大豆变种以外和栽培大豆之间的过渡类型。茎缠绕、较粗,茎粗 1.3~2 mm;小叶大,长 0.7~1 cm,宽 3~4 cm,呈楔形或长卵圆形;花序长 2~2.5 cm,有 4~8 个小花;豆荚长2.7~3 cm,宽0.5~0.6 cm;种子较大,长4~5 mm,宽2.5~3 mm,呈长卵圆形,为黑色;茎上和荚上的绒毛为棕色,很稀。此类野生大豆分布于中国、日本、朝鲜。

(三)寒地野生大豆资源考察、收集的方法与策略

1. 考察区域及居群划分

野生大豆在邻近地理区域生态区有一定的遗传亲缘性和河流效应,对某个地区的资源的收集需要尽可能地涵盖地理和生态区域。野生大豆种群由于人为因素、气象条件、土壤差异、地理因素及其他自然因素会出现种群片段化,形成大小不等、分布形状各异的小居群。

在下列情况下,野生大豆原则上可以划分为独立收集居群:居群之间有明显的空间隔离,如距离100 m以上的不同生境、地形隔离。在自然条件下有些野生大豆居群的边界大小实际很难把握,有的沿着某个生态梯度分布,没有明显的边界。特别是河岸或水渠等环境中,野生大豆沿着水道零星断续分布,没有清楚的居群边界。有时野生大豆是零星簇状的斑块状分布,这种情况下就需要人工划分收集居群。花粉可能漂移的距离约30 m,那么对于零星簇状、间断的斑块状分布,可以认为其是以一个花粉源为半径、潜在的遗传相关范围直径约为60 m。Jin等研究发现,在30 m距离范围内,个体间在遗传上呈显著正相关性,超过60 m开始出现遗传负相关性。李军等观测母株弹射距离为2~5 m,种子炸荚弹射距离最远为5 m。假如没有其他外在因素的作用,经历30年,种子传播距离约150 m,考虑两端双向扩散,居群范围应在300 m。根据以上居群研究内容,结合资源收集的实际操作特性,野生大豆沿着某个生态梯度断续零星分布时可以人为划定收集居群。如果个体群间的断续间隔达到60 m以上,可以划定为一个收集居群;如果个体植株断续零星分布范围直径为150 m,可以将其划定为一个收集居群进行采种;对于一个连续分布的大居群,可以在适当地方断开并划定一个直径约为300 m的收集居群范围(图4-1)。

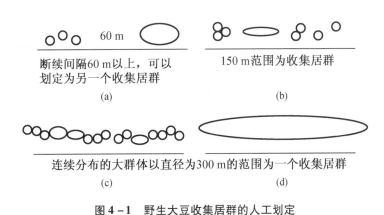

图4-1 野生大豆收集居群的人工划定

(资料来源:王克晶,李向华,2012)

2. 野生大豆资源收集、取样策略

从野生植物资源的异地保护目的出发考虑,对野生大豆资源的收集须依据不同生态环境,设置不同的采样点,以天然居群为取样单位进行采集。对相同生态环境条件下的大居群,每间隔 10 km 设置一个采集点。对于相同生态环境条件下的小居群要根据伴生植物种类、土壤类型、海拔高度等设置不同的采集点。每一个采集点内设置不同的采样点,至少有 50 个不同的植株,最大限度地代表采集点的遗传多样性。对收集的每份材料(居群)需要记录以下资料:采集地点、地形、生物学特性、土壤类型、小环境特点、伴生植物、分布面积、危害因素、危害程度等。同时对于每一份收集的野生大豆材料,用数码相机拍摄采集点的生境和收集样本的特写,并用 GPS 仪精确定位采样点的地理位置,测定经纬度和海拔高度,用以建立野生大豆资源的 GPS/GIS 数据库(GIS 为地理信息系统)。

野生大豆资源的收集原则是通过收集种质来最大限度地保护其遗传多样性。由于野生大豆种群分布面积差异很大,分布环境复杂,资源收集工作需要有合理的收集策略和措施,收集到的种子材料才能较大限度地代表该物种在一定区域内的遗传多样性,同时也能够很好地保护采集地资源种群的基本生存数量和遗传结构,使其不受干扰和破坏。作为以种子方式繁殖和自交生殖的野生大豆来说,野生大豆取样样本的遗传多样性是受收集样本空间尺度大小影响的。如果在大空间的地理尺度取样,其遗传多样性表现为地理空间(区域)种群间的遗传多样性小于居群内的遗传多样性;如果在一定空间范围内的小尺度天然居群取样,其遗传多样性表现为居群间遗传多样性大于居群内的遗传多样性。府宇雷等提出在一个地区尽可能地收集居群,在种群内适当采集单株;胡志昂和王洪新建议在十几千米到几十千米间隔处设取样点,每点取 100 单株,每株取一个有效荚。由于野生大豆居群面积大小、所在的生态系统及居群形成的时间和历史背景都不相同,地理区域和居群的遗传多样性水平、分布样式不尽相同,实际取样具有复杂性。在对不同生态系统的资源进行收集时,不可能先测定居群的遗传多样性后再取样。所以,客观上需要对各种生态环境下分布面积不同的居群遗传多样性水平、居群间的基因流和相互遗传关系及居群内个体的亲缘关系有所认识,在理论上理解天然居群遗传多样性及居群相互遗传关系的共性和规律,这是资源收集必要的理论基础,对指导野生大豆资源收集工作具有重要意义。遗传资源收集不是即兴采集行为,而是以群体遗传学和保护遗传学的理论为基础进行的。

3. 居群内种子采集方法

野生大豆种子采集取样时要考虑整个居群的代表性,每份野生大豆资源是一个居群的混合取样样本,而不是一个单株样本(半野生型和特殊类型除外)。对于野生大豆居群内的植株取样策略,有研究指出,取样 35~45 个个体能代表居群 90% 以上的遗传多样性。居群内种子采集要遵循居群内个体分布的格局。野生大豆个体分布根据居群内的环境异质性主要有随机分布(random distribution)、集聚分布(aggregated distribution)、嵌式分布(mosaic distribution)。在随机分布和集聚分布的居群中,根据居群大小把握取样间隔距离,通常为 5~20 m,采用随机取样方式;在嵌式分布居群中的取样点随着植株簇的分布随机采集样本。资源采集时既可以混合采集种子,也可以单株采集种子。单株采集的缺点是保种个体数量太大,如果是采集几百个居群,则保种数量过大、成本过高。无论是混合采集还是单株采集,原则上取样点要代表该收集居群的范围,保证有一定距离间隔的单株数量(30~50 株)。但是,对于遗传多样性可能单一的新生居群、小居群、环境胁迫下的居群可以适当减少取样数,以降低成本。在野生大豆天然居群内有时会发现大粒型个体植株,可以进行单株采集和编号,有时会发现白花、灰毛等稀有形态性状类型,可按形态性状采集和编号。天然居群的大小和植株密度差异很大,最小的居群面积可能仅 1 m^2,甚至居群内仅有几株植株。在采集小居群样本时,注意给每株植株保留一定量的种子,防止人为灭绝。

分布于我国各地的野生大豆居群是动态变化的,居群的面积、密度和遗传结构处于变化之中,野生大豆居群从诞生到消亡所持续的时间受气候变化、地理条件变化和人类活动的影响。近几十年来,科研人员考察发现,有些居群消失,有些新生居群由于直接或被动的种子迁移而出现。目前,我国野生大豆的居群的消失速度和新生居群的诞生速度并不平衡,消失的速度大于新生的速度,野生大豆资源面积日益减少,主要是由环境恶化和人为因素造成的。另外,野生大豆种群由于环境的变化,片段化严重,居群的面积逐渐小型化。我国野生大豆居群的分布主要在河流、湖泊、湿地、水塘等湿润处,以及山坡、公路沿线、林间空地、草原、农田(包括田边、地头、田埂、引水渠、农用路、村落附近、农田防护林带、水库等)。应该多收集一些居群以实现对遗传多样性的保护。资源收集必须考虑收集地区的空间范围、生态环境、各项成本和减少遗传背景类似样本,可遵循以下基本原则:

(1)距离原则

在同一个生态条件下或相似的生态区域,当野生大豆居群密度较大时,可以每间隔 5~10 km 设置取样点。当居群密度较小时,可以每间隔 1~2 km 设置取样点。在野生大豆极其稀少的生态环境下,可以缩短地理空间距离,每间隔 100 m 或几百米距离设置取样点。对环境一致且有遗传关联的种群(如同一水系等),资源收集时可适当增加间隔距离。对取样点的间隔距离设置应根据居群密度实际情况和收集居群的划定原则确定。

(2)生境原则

即使在相同的地理空间范围或附近地段上,有时也会出现生境不同的居群,这些居群一般有明显的形态差异,可以作为不同种质进行收集,这有利于对稀有基因的保护。

(3)抢救性收集

对处于濒危状态的居群应及时进行抢救性收集。

第二节　寒地野生大豆资源的异地保存

一、异地保存的原理

为将野生种质资源保护风险降到最低,科学家在原生境保护的基础上,展开了多种非原生境保护策略,实施异地保存。异地保存的原理:首先,基于野生大豆的繁殖性。野生大豆的繁殖方式为有性繁殖,繁殖器官是种子,通过种子将遗传基因传递给下一代。其次,基于野生大豆的可储藏性。野生大豆的种子在母体植株上脱水成熟后含水量较低,一般降到10%左右,在常温条件下可长期保存。

二、异地保存的分类

一般异地保存分为3种形式,分别为非原生境保存、离体培养保存和超低温保存。

(一)非原生境保存

非原生境保存是与原生境保存相对而言的,是指将植物种质资源在植物原生境以外的地方保存和繁殖。非原生境保存方式一般为种质资源库保存和异地保存(利用种质资源圃和植物园对种质资源进行完整保存)。非原生境保存需要建立各类基因库,如种质资源圃或植物园等田间基因库和种子库、花粉库等种质资源库。其中,种质资源库保存不需要大量土地和人力、物力,成本较低,但其只能保存正常型种子,而不能保存不耐失水、对干燥和低温敏感的顽拗型种子(如荔枝、板栗、茭白的种子),以及有性繁殖困难的植物。而且对于基因高度杂合的木本植物来说,利用种质资源库进行种子保存只能保存基因资源,而不能保存特定的基因型材料。人们应用种质资源圃(也称"种质圃")的历史悠久,现代的植物园就是在种质资源圃的基础上发展起来的,目前全世界有1 000多个植物园,其中保存植物种数达10 000种(含品种)以上的有18个,如美国布鲁克林植物园、澳大利亚的皇家植物园和英国的皇家植物园等。

(二)离体培养保存

离体培养保存是指利用组织培养技术获得特定培养材料(细胞、组织、器官等)进行种质保存的方法。种质离体培养保存通过改变培养物生长的外界环境,使其生长速度降至最小限度,从而达到延长种质资源保存期的目的。1975年,Henshaw首次提出离体培养保存植物种质的策略,并受到国际植物界的高度重视。目前,离体培养保存主要应用在不育型树种、高度杂合的木本植物、稀有或濒危植物及热带植物种质的保存方面,并已成为一般作物种质资源常用的保存形式。

(三)超低温保存

种质资源超低温保存是指将植物种质资源在液氮(-196 ℃)甚至更低温度下长期保

存。生物材料超低温保存的应用最早可追溯到18世纪,但直到1973年,Nag和Street才首次成功地在液氮中保存了胡萝卜悬浮细胞。目前,植物种质资源超低温保存技术已取得突破性进展,保存的材料有原生质体、悬浮细胞、愈伤组织、体细胞胚、合子胚、花粉胚、花粉、茎尖(根尖)分生组织、芽、茎段、种子等。虽然目前超低温保存技术离实用化还有一定的距离,但其已经大范围应用于保存植物种质资源。

三、寒地野生大豆资源异地保存的内容

异地保存是寒地野生大豆种质资源最主要的保存方式。截至2018年年底,我国已建成全球唯一完整的种质资源保护配套机构,包括作物种质长期库1个、复份库1个、中期库10个和多个种质圃,保存种质资源总量突破50万份。寒地野生大豆种质资源已有1 811份录入国家中长期种质资源库保存,有3 018份录入黑龙江省农业科学院寒地野生大豆中期种质资源库保存。此外,黑龙江省农业科学院还建有寒地野生大豆种质资源异地繁殖圃1个,用以繁殖、鉴定、更新野外收集的种质资源材料。寒地野生大豆种质资源异地保存一般包括资源原生境考察与收集、异地繁殖、鉴定登记、编目保存、补繁更新和挖掘利用等方面内容。

(1)原生境考察与收集

种质资源原生境考察与收集是了解种质资源分布、生长状况和特点,确定其分布范围,以对其进行有效保护和利用的基础。考察与收集工作要对种质资源所处的地理位置、海拔高度、周边生态环境、分布特点、伴生植物和形态特征等重要信息进行采集,建立资源原生境地理信息数据库和表型性状数据库。

(2)异地繁殖

寒地野生大豆种质资源异地繁殖是指将单株种质按照寒地野生大豆种质资源繁殖的技术规程扩繁,保持和提高资源种性,增加资源数量。

(3)鉴定登记

利用种质资源圃和实验室鉴定采集的种质资源的生理、形态和品质特征,根据种质资源的特性、特征进行分类整理,搭建、补充、完善寒地野生大豆种质资源的特性、特征数据平台。

(4)编目保存

在资源数据库整理的基础上,将种质资源按数据库编号入库保存。

(5)补繁更新

针对数量和质量不达标的种质资源进行重新繁殖、补充。

参 考 文 献

[1] 王克晶,李向华. 国家基因库野生大豆(*Glycine soja*)资源最近十年考察与研究[J]. 植物遗传资源学报,2012,13(4):507-514.

［2］ 白雪梅.黑龙江两岸中俄野生大豆研究和利用［J］.黑龙江农业科学,2018(10):15-17.

［3］ 王连铮,吴和礼,姚振纯,等.黑龙江省野生大豆的考察和研究［J］.植物研究,1983,7(3):116-130.

［4］ 蒋慕东.二十世纪中国大豆改良、生产与利用研究［D］.南京:南京农业大学,2006.

［5］ 王岩,陈爱国,路明祥,等.辽宁省部分地区野生大豆资源考察与收集［J］.辽宁农业科学,2017(1):17-21.

［6］ 李向华,王克晶,李福山.中国部分地区一年生野生大豆资源考察、收集及分布现状分析［J］.植物遗传资源学报,2005,6(3):319-322.

［7］ 庄炳昌.中国野生大豆研究二十年［J］.吉林农业科学,1999,24(5):3-10.

［8］ 王克晶,李向华.中国野生大豆遗传资源搜集基本策略与方法［J］.植物遗传资源学报,2012,13(3):325-334.

［9］ 李军,郑师章.野生大豆种子雨的研究［J］.应用生态学报,1997,8(4):372-376.

［10］ 曹永生,张贤珍,白建军,等.中国主要粮食作物野生种质资源地理分布［J］.作物学报,1999,25(4):424-432.

［11］ 郑勇奇.野生植物资源保护与可持续利用研究［M］.北京:中国农业出版社,2008.

［12］ 王玲,来永才,李炜,等.黑龙江省寒地野生大豆资源的现状、问题及对策［J］.黑龙江农业科学,2016(3):138-142.

［13］ 刘淼,来永才,毕影东,等.黑龙江省寒地野生大豆在大豆育种中的应用现状及成果［J］.黑龙江农业科学,2021(2):119-122.

［14］ 王栋,丁汉凤,王效睦,等.山东野生大豆种质资源保护与利用研究［J］.农业科学与技术(英文版),2017,18(4):691-695,699.

［15］ 王志友,王昌陵,董丽杰,等.辽宁省野生大豆种质资源及利用现状［J］.杂粮作物,2008,28(4):241-243.

［16］ 杨丹霞,王德亮.野生大豆种质资源利用研究现状［J］.现代化农业,1992(9):12-14.

［17］ 毕影东,李炜,刘明,等.寒地野生大豆资源挖掘与利用研究［C］//中国作物学会.第十届全国大豆学术讨论会论文摘要集:2017年卷.北京:[出版者不详],2017:38.

［18］ 高慧.北方沿海滩涂野生大豆资源的收集及其遗传多样性的SSR分析［D］.呼和浩特:内蒙古农业大学,2008.

［19］ 李向华,田子罡,李福山.新考察收集野生大豆与已保存野生大豆的遗传多样性比较［J］.植物遗传资源学报,2003,4(4):345-349.

［20］ 杨光宇,纪锋.中国野生大豆资源的研究与利用综述［J］.吉林农业科学,1999,24(1):12-17.

［21］ 来永才,李炜,毕影东.寒地野生大豆资源收集、评价及新种质创制［J］.中国科技成果,2016,17(22):62-63.

第五章 寒地野生大豆资源种质库保存

本章主要阐述以正常性种子为载体的种质资源种质库保存原理和技术,主要包括种质库保存原理(即种子活力与存活特性、种子活力监测与预警),以及种质库保存技术(即种质库操作处理技术和种质库操作保存条件)。

第一节 种质库保存原理

20世纪30年代,科学家提出了植物遗传多样性受到威胁的论点。20世纪四五十年代,植物遗传资源自然生境被迅速破坏的情况引发的问题逐渐显现出来,而且植物种质资源的遗传侵蚀一年比一年严重,持续恶性发展。直到20世纪80年代,栽培植物遗传多样性丧失问题才受到重视。由于育种家的努力,具有高产、抗病、抗虫、抗旱或节肥特性的新品种不断涌现,新品种或杂交种的选育和推广,使很多古老品种特别是许多地方品种逐渐被淘汰,从而使某些重要种质资源有消失的危险;同时大规模开垦荒地、过度放牧、采伐森林、环境污染等使全球气候变差、农用土地减少、土质变差、土壤沙漠化和盐渍化日益严重,森林和热带雨林面积逐渐减少,进而使植物种质资源的生存受到威胁。为了避免植物遗传资源多样性丧失,人们迫切需要进行种质资源收集与保存。

2010年,根据联合国粮食及农业组织(FAO)报道,全球收集、保存了740万余份农业植物种子资源,涉及上万个物种,90%的农业植物种子资源以种子方式保存,建设了1750座农业作物种质库。其中,美国国家植物种质资源体系(NPGS)是世界上最大的作物种质资源收集保存系统。我国也已建立了国家作物种质库保存体系,居世界第二位,抢救性收集分散在全国各地的珍稀、濒危、古老农家品种,以及野生近缘种、国外引进品种,合计50万余份。可见,绝大多数作物种质资源是以非原生境的种子方式保存为主的,其中以种质库保存作物种质资源为最主要的保存途径。入库保存的作物种质资源均经过农艺性状鉴定评价、整理编目和繁种更新,以及生活力等质量检测,保存寿命可达50年以上,实现了对作物种质资源的妥善保存。随着保存时间的延长,种质库保存资源已发挥越来越重要的作用。

种子类资源之所以是作物种质资源的主体,主要是因为大多数作物的繁殖器官是种子,即种子是这些农作物种质资源繁殖的载体。大部分农作物都是被子植物,如水稻、小麦、玉米、大豆等,其繁殖方式为有性繁殖,也称种子繁殖。有性繁殖能通过种子将亲本的遗传物质稳定传递给子代。在种子繁殖过程中,种子经过萌发生长成为成熟植株;进入开花授粉阶段,亲本经减数分裂而产生的雌配子和雄配子,染色体数量减半;之后授粉,即受精过程使得两个配子融合形成合子(受精胚珠),合子的染色体数目重新恢复到亲本的数目,而最终发育形成种子。这样周而复始,有性繁殖的后代始终保持着亲本固有的染色体数目和类型,从而确保了物种的延续。种子作为种子植物生活史中的一个发育阶段,比其他任何一个阶段都更能抵抗不良环境,它既是新生命开始的幼小植物体,蕴藏着亲本物种所固有的全部遗传物质,又是物种延续、新老世代交替的桥梁或载体。因此保存种子可实现作物种质资源的世代延续,凡是生产正常型种子的作物都可通过保存种子来实现种质资源的保存。

一、种子活力与存活特性

种子活力是种子发芽率、出苗率、幼苗生长的潜势、植株耐逆能力和生产潜力的总和,是评价种子品质的重要指标。长期以来,人们都用发芽试验检验种子的质量。生产实践表明,实验室的发芽率与田间的出苗率之间往往存在很大相关性,下面从种子贮藏习性、影响种质活力和存活的因素、提高种子活力和存活机制等方面阐述种质库安全保存原理。

(一)种子贮藏习性

种子贮藏习性(seed storage behavior)即种子贮藏的生理特性,是种子对贮藏环境条件需求及适应能力的综合表现。物种在长期的系统演化过程中受到自然选择,形成了种子贮藏习性的多样性,分为正常型种子、顽拗型种子和中间型种子,种子属于何种贮藏习性主要由物种本身遗传基因所决定。

1. 正常型种子

正常型种子在母体植株上经历成熟脱水,脱落时含水量较低。这类种子的耐干燥能力很强。通常成熟种子能忍耐含水量低至2%~6%,这种耐干燥能力能使种子在遇到严酷的外界环境时暂停新陈代谢活动,即在低温环境条件下其代谢活动很微弱,甚至处于停止状态。耐干燥能力强的正常型种子通常具有较长的寿命。据报道,某些植物的种子寿命长达几个世纪。正常型种子在具有较强的耐干燥能力的同时,也具有较强的耐低温能力。Hong和Eis认为正常型种子具有两个重要特性:一是在一定范围内,种子寿命与种子含水量呈负对数关系;二是在种子含水量恒定的条件下,种子寿命与贮藏温度(在一定范围内)呈负相关关系。这两个特性表明了正常型种子的寿命与种子贮藏温度和种子含水量的相互关系,即通过改变种子贮藏条件,如贮藏温度、种子含水量等,可调控种子的贮藏寿命。基于上述理论,FAO和国际植物遗传资源研究所(IPGRI)提出了植物种质资源种子保存的中长期贮藏标准:中期贮藏温度为0~10℃,种子含水量为5%~8%;长期贮藏温度为-18℃,大豆种子含水量为8%,其他作物种子含水量为5%~7%。大多数农作物种子的贮藏习性都是正常型种子,这也是种质库保存资源占整体资源的绝大多数的原因。

2. 顽拗型种子

顽拗型种子在母体植株上不经历成熟脱水,脱落时含水量较高。这类种子对脱水和低温敏感,即耐干燥能力和耐低温特性正好与正常型种子相反,大多数热带、亚热带作物种子属于该类型,如椰子、果、橡胶树、红毛丹等。顽拗型种子至今未能像正常型种子那样进行种质库保存。主要原因:一是新采收的顽拗型种子的生活力会随着种子逐渐干燥而下降,当含水量降到一定程度时,种子生活力即出现大幅度下降,这时的含水量称为临界含水量,如果继续干燥脱水,种子生活力会快速下降直至死亡。顽拗型种子的耐干燥能力随着种子在母体植株上的发育而增强,但并不像正常型种子那样在成熟期启动成熟脱水,而是在成熟前后仍具有很高的含水量。例如,成熟的橡胶树种子的含水量为36%,佛手瓜为90%。二是顽拗型种子不耐干燥,种子含水量过高,在0 ℃以下温度保存容易形成冰晶,引起冻伤。某些热带作物的顽拗型种子遇到10~15 ℃的低温就会发生冻害。顽拗型种子的寿命一般都比较短,特别是热带地区的作物种子。典型的顽拗型种子的寿命为数周到数月,某些温带地区的顽拗型种子的寿命相对较长,如贮藏于-3 ℃、潮湿条件下的橡树种子的寿命可达3年多。可见,不同顽拗型种子达到其最长寿命的贮藏条件很不一致,并且贮藏寿命都很短,因此在目前的技术条件下,很难进行种子集中保存,即目前还没有能够以种子形式长期保存顽拗型作物种质资源的适宜方法。

3. 中间型种子

中间型种子的贮藏习性介于正常型种子和顽拗型种子之间。其贮藏习性表现为:当种子含水量高于8%、贮藏温度高于5 ℃时,种子贮藏习性像正常型种子;而当种子含水量低于6%、贮藏温度低于5 ℃时,则接近顽拗型种子。较为典型的中间型种子作物包括番木瓜、柠檬、小果咖啡、胡椒、棕榈等。此外,有报道指出,辣椒、苦瓜等蔬菜种子不耐-18 ℃贮藏,怀疑这类种子是中间型种子。因此,在种质资源保存中,首先须明确保存物种对象的种子的贮藏习性是正常型、顽拗型还是中间型。野生大豆种子属于贮藏习性为正常型的种子,可安全贮藏。

(二)影响种子活力和存活因素

种子发芽是指种子幼胚重新恢复其正常生命活动的过程,从形态上看是指胚根突破种皮并形成种子根和胚芽突破种皮并向外伸展生长成茎、叶的现象。种子发芽一般都要经过吸胀、萌动和发芽3个阶段。吸胀是种子发芽的第1阶段,即快速吸水,是种子发芽的先决条件。萌动是胚根突破种皮,落出白色的根尖,俗称"露白",此时种子吸水进入第2阶段,即平缓吸水阶段。发芽是种子可见萌发期。此时种子吸水进入第3阶段,即再次快速吸水阶段,此时种子的新陈代谢极为旺盛,呼吸强度达到最高,胚部细胞继续分裂伸长,胚生长速度加快,当胚根和胚芽长到一定程度时,即达到发芽标准。国际种子检验协会认为要以种子的胚根和胚芽发育生长成具有正常结构的幼苗(具有根、茎、叶)为种子发芽标准。不同作物的种子发芽标准可参考我国国家标准或相关国际标准。由于种质库日常检测种子份数较多,有些种质库将胚根和胚芽生长的长度作为种子发芽标准,即胚根长度达到整个种子长或胚芽长度达种子长度的一半。建议采用国际种子检验协会的发芽标准,这是因为随着影像技术水平的提高,种子发芽过程中胚根的出现和长成正常幼苗将是评价种子活力的重要指标,而这些活力指标是之后种子生活力监测和预测中所不可缺少的。

种子生活力是指种子潜在发芽力或种胚所具有的生命力。发芽力是指种子在适宜的环境条件下萌发并长出正常幼苗的能力,通常用发芽试验得到的发芽势和发芽率表示。种子发芽势是发芽试验初期正常发芽种子数占供检测种子数的百分比。发芽势高表示种子萌发速度快、发芽整齐、活力强。种子发芽率是指发芽试验终期全部正常发芽种子数占供检测种子数的百分比。发芽率高表示有生命力的种子多,能萌发长成正常幼苗的种子多。一些新收获的种子处于休眠状态,虽然其具有潜在发芽能力,但在发芽试验中不能发芽,因而需借助物理方法和生物化学方法等快速测定其种胚的生命力,以此表示种子生活力的高低。从种子发芽力和种子生活力的定义来看,二者均表示种子生命力的强弱,故它们的基本含义是相同的。通过常规发芽试验方法测得的发芽势和发芽率即为种子的生活力。在种子休眠时或人们急于了解种子潜在发芽力时采用快速方法测得的生活力,不能等同或代替种子发芽力。

种子成熟后,外观上虽然处于静止状态,但其内部有潜在生机和活力,是有生命力的,也是具有寿命的,但经过一段时间贮藏后,其生命力会丧失。一般种子寿命是指种子的存活期,或称种子生命的长度,泛指一批种子群体的生命力维持的时间(种子从完全成熟到生活力丧失50%或完全丧失所经历的时间)。种子寿命是一个相对术语,如洋葱种子在贮藏温度为35 ℃条件下,含水量为14%时,生命力仅维持一周,而含水量为4%时可存活20年,相差1 000多倍。每个物种的种子寿命的长短是由种子的内在因素和外在因素决定的。内在因素包括遗传因素、母株影响、种子构造、种子化学组分、种子休眠和硬实性、种子含水量、种子起始质量等;外在因素包括贮藏温度、环境湿度、环境气体成分、干燥条件、包装容器,以及种子携带的种传病原菌、昆虫和处理种子的化学物等。因此,种子寿命的长短,不仅与物种本身有关,还与种子的贮藏条件密切相关,如贮藏温度、种子含水量等,即在不同贮藏条件下,种子寿命的长短不同,通过改变贮藏条件可调控种子寿命。下面对部分内在因素的外在因素进行介绍。

1. 内在因素

(1)遗传因素

遗传因素决定了各作物(物种)种子的自然寿命,也决定了物种间及物种内种质类型间、品种间的耐贮性差异。早在20世纪初,Ewart就依据他对8 000份植物种子寿命的观察,将作物(物种)种子寿命归为3大类:第一类是短命种子,其寿命不超过3年,包括甘蔗、花生、辣椒等;第二类是常命种子,寿命为3～15年,包括水稻、裸大麦、小麦、高粱、粟、玉米、麦、向日葵、大豆等;第三类是长命种子,寿命在15年以上,包括蚕豆、绿豆、紫云英、豇豆、小豆等作物。

(2)母株影响

在植物生长发育过程中,尤其是在开花期、灌浆期及成熟收获期,气温、光周期、降雨量、土壤温度、土壤营养等因素影响了母株中种子的形成、发育和成熟,直接或间接地影响了种子生理状况,从而影响种子潜在寿命。这是因为种子从萌发到幼苗能够进行光合作用为止,完全依赖种子所贮藏的营养物质作为能源,因而若种子贮藏的营养物质的形成过程受到阻碍,种子寿命必受影响。例如,从较显著缺乏氮、磷、钾、钙的植株上收获的种子的寿命较短。土壤含盐量过高或病虫害等造成植株生理状况不良,也会使种子寿命缩短。因此,母株的生理状况影响种子潜在寿命。不同繁殖地点的生态条件不同,种子初始质量和种子寿命也存在很大差异。对我国国家库中贮藏20年以上的种子的生活力监测表明,不同繁种地点的同一作物,其种子生活力下降程度存在差异,这可能与种子入库贮藏前经历的不同环境条件有关。种子成熟和收获时期的不良天气条件,或收获后的干燥、脱粒及运输等环节导致的损伤会影响种子贮藏过程中生活力的下降速率。因此,了解资源入库贮藏前的种植、收获、运输等过程的环境条件(尤其是成熟收获期气候条件)非常重要。

(3)种子构造

双子叶植物种子一般包括种皮、胚,胚又分为胚根、胚芽、胚轴、子叶。而单子叶植物种子包括种皮(果皮)、胚乳、胚。种皮是空气、水分、营养物质进出种子的通道,也是阻止微生物侵入种子的天然屏障。因此种皮厚,结构坚韧、致密,具有蜡质和角质的种子,尤其是硬实类种子,其寿命较长。反之,种皮薄、结构疏松、外无保护结构和组织的种子,其寿命较短。例如,在禾谷类作物中,具有外壳保护的水稻种子寿命较长,有皮的大麦种子较无皮的裸大麦种子寿命长。另外,在豆类作物中,种皮的颜色与种皮的致密程度和保护性能相关。一般而言,同一作物的深色种皮的种子较浅色的寿命长。在相同条件下,一般大胚种子或者胚占整个籽粒比例较大的种子,其寿命较短,如玉米种子的胚较大,脂肪多,因此比其他禾谷类作物难贮藏。

(4)种子化学组分

种子化学组分包括水及主要营养物质(如蛋白质、碳水化合物和脂肪)和其他微量的物质(如矿物质、维生素、酶、植酸、钙、镁及色素等)。淀粉、蛋白质和脂肪是作物种子的3大贮藏物质,根据种子所含这3大贮藏物质的差异,可将作物种子划分为淀粉类种子,如水稻、小麦、玉米等;蛋白质类种子,如豌豆、绿豆等;油脂类种子,如大豆、油菜等。由于脂肪较其他两类更容易水解和氧化,常因酸败而产生大量有毒物质,如游离脂肪酸和丙二醛等,对种子生活力产生危害,因此,含油脂成分高的油脂类种子比淀粉类种子和蛋白质类种子难贮藏,如同是豆科植物的绿豆和豌豆的种子寿命要比花生和大豆的种子寿命长得多,这是因为前者含有较多的淀粉和蛋白质,后者含有大量脂肪。

(5)种子休眠和硬实性

种子休眠是指在适宜萌发的条件下,成熟的种子仍不能萌发的现象。休眠是植物在长期系统发育过程中获得的一种抵抗不良环境的适应性,对植物个体的生存、延续和进化具有积极作用。例如,具有休眠特性的农作物种子在高温多雨地区可避免穗发芽。因此从一般意义上讲,休眠和硬实有利于延长种子的贮藏寿命。由于种子的休眠特性具有多样性和多形性,其产生的原因和作用机理也非常复杂,因此,存在着不同的种子休眠划分系统,目前较为广泛采用的是 Baskin 和 Baskin 的划分系统,包括生理休眠(physiological dormancy)、形态休眠(morphological dormancy)、形态生理休眠(morphophysiological dormancy)、物理休眠(physical dormancy)、复合休眠(combinational dormancy)5 类。此外,也常常涉及胚休眠、后熟作用、萌发抑制物、种皮效应等概念。胚休眠是指胚本身引起的休眠,即使分离出胚,将其置于适宜萌发的条件下,胚也不能萌发。后熟作用是指胚休眠的种子在采收后需经过一系列的生理生化变化达到真正的成熟,才能萌发。萌发抑制物是指可以推迟或抑制种子萌发的物质,如苦杏仁中的氰化氢,菠菜种子含有的酚类化合物、香豆素、脱落酸等。种皮效应是指因种皮因素而使活性胚在适宜的环境中仍然不萌发的现象,种皮引起休眠的机制包括抑制水分吸收、机械限制、干扰气体交换、阻止抑制物渗漏、向胚供应抑制物等。硬实种子因种皮不透水而不能吸胀发芽,如豆科、锦葵科、藜科等许多植物的种子,这类种子有坚硬、厚实的种皮、果皮,或附有致密的蜡质和角质。

(6)种子含水量

种子含水量也称种子水分。种子内的水分是种子生理代谢作用的介质和控制因素。种子在发育、成熟时期和收获后贮藏时期的物理性质和生化变化,都与水分状态及含量密切相关。种子中含有的水分依其存在形式可分为游离水(自由水)和结合水(束缚水)。游离水可在细胞微孔间自由移动,具有一般水的性质,可作为溶剂,0 ℃以下能结冰。结合水牢固地与种子内的亲水物质(主要是蛋白质、碳水化合物及磷脂等)结合在一起,不容易蒸发,不具有溶剂的性质,0 ℃以下不会结冰,并具有与自由水不同的折光率。在食品学等学科中,常出现"水活度(water activity)"一词,它的定义为物质中水分的活性部分或者自由水的含量。种子贮藏研究主要采用"含水量"这一术语。

种子的生命活动需在游离水充足的状况下才能旺盛进行。当种子水分减少至不存在游离水时,种子中的酶先水解成钝化状态,种子的新陈代谢降至很弱。当游离水出现以后,酶就由钝化状态转化为活化状态,这个转折点的种子水分(即种子的结合水达到饱和程度并将出现游离水时的水分)称为安全临界含水量(简称为"安全水分"),安全水分因作物的种类不同而不同。在一定温度条件下,含游离水的种子不耐贮藏,贮藏过程中种子的生活力很快降低乃至完全丧失;而在安全水分以下,一般认为可以安全贮藏。因此在农作物种子质量标准中规定了种子安全水分,其高低取决于种子含油量,如禾谷类种子的安全水分一般为 14% 以下,油料作物种子的安全水分一般为 10% 以下,甚至更低。安全水分因温度的影响而不同,我国《粮食作物种子 第 1 部分:禾谷类》(GB 4404.1—2008)规定,水稻、玉米等作物在长城以北和高寒地区运输与销售,其种子安全水分允许高于 13.0%,但不能高于 16.0%;若在长城以南(高寒地区除外)销售,则其安全水分不能高于 13.0%。此外,种子内不同组织中亲水物质的含量有明显差异,因而不同组织的含水量明显不同,其中胚的含水量高于其他部位的含水量,如玉米种子水分为24.2%时,胚的含水量为24.8%,而当种子水分达29.5%时,胚的含水量高达39.4%,这正是胚比种子的其他部位更容易劣变或受损伤的一个重要原因。许多试验也表明含水量过低会造成种子的损伤,即种子含水量存在下限值。种子适宜的含水量与贮藏温度有关,在低温冷冻贮藏条件下,对于大多数作物种子而言,含水量为5%~9%是适宜的。种子含水量除了影响种子生命活动的强度和特点,还通过对仓虫和微生物活性的作用影响种子的安全贮藏。当种子含水量超过14%时,仓虫和微生物活跃,但若使用熏蒸剂杀虫则会损害种子发芽力。当种子含水量超过20%时,贮藏种子会发热。当种子含水量超过60%时,种子可能会发芽。因此,对于作为种质资源保存的种子,严格要求不能包衣或拌药;在种子运输或入库保存之前的临时贮藏中,一方面应将种子含水量降至安全水分之下,以避免因种子发热而导致种子活力受损,另一方面要注意临时贮藏时对微生物、害虫及老鼠的危害的防控。种子贮藏实践表明,种子含水量是控制种子寿命最为关键的因素。Harrington提出了延长种子寿命的两通则之一:种子含水量每降低1%(适宜含水量为4%~14%),寿命可延长1倍。目前种质库种质保存实践中,都将种子含水量降至5%~8%,表明降低种子含水量对延长种子寿命起关键作用。

(7)种子起始质量

种子起始质量是指种子在贮藏初始的生理和物理状态,以及初始的活力水平。种子若处于活跃的生理状态,则其耐贮性很差。种子生理状态活跃的明显指标是呼吸强度。凡未充分成熟的种子,受潮受冻的种子,处于萌动状态的种子,或者是穗上成熟时受潮发芽(简称"穗萌")后再行干燥的种子,均由于旺盛的呼吸作用而寿命大大缩短。因此,种子在收获后应尽快晾干至安全水分以下,并且尽量在凉爽、干燥的条件下进行脱粒、考种和运输,以维持种子的生理活动处于低水平状态。另外,穗萌的种子不能用于资源保存,需要重新繁殖。种子的物理状态是指种子大小、硬度、完整性、吸湿性等因素,这些因素也通过呼吸作用来影响种子寿命。小粒种子、瘪粒种子、破损种子等,其比表面积相对较高,并且胚部占整粒种子的比例较高,呼吸强度明显高于大粒、饱满和无损伤完整的种子,因而其寿命相对较短。吸湿性强的种子,相应的含水量和微生物较多,容易发生劣变。因此,在种子入库保存之前,进行清选加工和干燥处理是必需的。种子起始质量取决于种子初始活力水平,初始发芽率是最直接的衡量指标。

2. 外在因素

影响种子寿命的外在因素有贮藏条件、干燥条件、包装容器、病原物和化学物质(药剂和种衣剂),其中最关键的影响因素是贮藏条件,主要包括贮藏温度、环境湿度、环境气体成分等。

(1)贮藏温度

在影响种子寿命的外在因素中,贮藏温度是最为重要的因素。早在1963年,Harrington就提出了关于贮藏温度与种子寿命关系的观点:对于正常种子,在1~50℃,贮藏温度每下降5 ℃,种子寿命可延长1倍。这是因为贮藏温度与种子呼吸作用、代谢活动、病原病菌、昆虫等密切相关。呼吸作用的最适温度为25～30 ℃,如果种子含水量高,在这种温度下种子的呼吸作用旺盛,消耗大量的贮藏物质,并释放热量,使微生物活动加快,种子就会很快劣变,丧失生活力。而经过干燥的低含水量的种子,在低温下呼吸作用弱,甚至不能形成偶联呼吸。酶是具有生物催化活性的蛋白质,具有蛋白质所属的物理化学性质:高温下可因变性而钝化,低温下稳定;温度在40～50 ℃时,酶促反应速率最大,随着温度降低,酶促反应速率下降;酶在干燥状态下比在潮湿状态下对温度的耐受力高,在相同温度下(如常温),酶的干制剂比酶溶液的保存时间长。这些特性给低温保存种子以启示,即低温干燥有利于降低种子中的酶促反应速率,使分子处于相对稳定状态,因此种子的组成成分不易发生变化。蛋白质及DNA等大分子结构在高温下不稳定,容易变性,细胞膜系统的脂肪分子也易于被氧化。另外,在高温贮藏条件下,微生物、害虫等活跃,容易对种子造成危害,研究表明:作为种质资源保存的种子,因不宜进行药物熏蒸处理,所以在室温临时贮藏过程中,易受到害虫危害。因此临时贮藏温度宜设置为4 ℃左右、相对湿度<65%,长期保存温度设置为-18 ℃、相对湿度<30%,以抑制种子本身的呼吸和代谢活动,减少能量消耗,抑制病虫危害,从而有利于贮藏。

(2) 环境湿度

种子含水量是影响种子贮藏寿命的最重要的因素之一,当种子处于开放环境时,种子水分必然受到空气相对湿度的影响。平衡含水量是指与周围环境的相对湿度达到平衡时的种子含水量。此时种子对外界水汽的吸附和解吸以同等速率进行。种子的平衡含水量因作物、品种及环境条件的不同而有显著的差异,其影响因素包括大气相对湿度、温度及种子的化学成分。种子的平衡含水量受相对湿度的影响最大,温度对平衡含水量的影响远比相对湿度小。在相同的相对湿度条件下,温度越低,种子的平衡含水量越高,反之则越低。种子化学成分影响种子平衡含水量,淀粉类种子的平衡含水量因亲水基多而较高,脂肪类种子的平衡含水量因疏水基多而较低,蛋白质含量高的种子的平衡含水量居中。事实上,同一类种子的不同品种,甚至某一品种的不同批次种子,即使在相同的相对湿度下也不可能有完全相同的平衡含水量。

对于贮藏生产用的大批种子,国内外许多种子企业根据种子平衡含水量原理,采用贮藏温度为20～25 ℃、环境相对湿度为30%～50%,或者贮藏温度为8～12 ℃、环境相对湿度为30%～50%的贮藏条件来建造冷库,这种冷库能使贮藏种子在2～3年维持较高生活力。在种子保存实践中,维持或控制冷库低的相对湿度,也是使种子寿命得到有效延长的重要因素。

(3) 环境气体成分

一般情况下,氧气(O_2)的存在会促进种子的呼吸作用、加速物质的氧化分解,因此在低温低湿保存条件下,常需干燥种子且采用密封方式包装,使种子的代谢活动维持在最微弱的状态下,以达到延长种子寿命的目的。但应注意在种子水分和贮藏温度较高的情况下,采用密封包装方法会使呼吸作用旺盛的种子被迫处于缺氧状态,从而产生大量二氧化碳(CO_2)和乙醇,使种子很快窒息死亡。遇到这种情况时,应尽快摊晾干燥,使种子水分和温度迅速下降。这也提醒人们,在收获种子之后应尽快进行晾晒使其水分下降,而且在收获或运输过程中,尤其是夏天,不应采用不透气的包装袋,以避免对种子活力造成潜在损伤。Roberts 和 Abdalla 认为在高含水量与高贮藏温度条件下,高浓度的 O_2 可能加速了大麦种子生活力的丧失,并且贮藏期越长,作用越明显。对于低含水量的种子,利用氮气(N_2)和 CO_2 保存有延缓种子老化的效果,如含水量为 6.21% 的花生种子在 38~40℃、N_2 或 CO_2 贮藏条件下贮藏 26 周,发芽率不受影响,而在空气中贮藏的种子,其发芽率几乎为 0。Groot 等进一步研究认为,对于干种子,高氧压环境贮藏条件同样具有促进种子衰老的作用,而且无论种子含水量高低,高氧压气体保存对种子寿命都是有害的。N_2 或 CO_2 环境对种子寿命的影响与种子含水量有关,即种子含水量低时,在 N_2 或 CO_2 中贮藏比在空气中贮藏效果好,而含水量高时贮藏效果则相反。以上结果说明气体对种子寿命的影响是其与水分及贮藏温度共同作用的结果。通过惰性气体来进行种子贮藏,在技术上较难实施,而且在低温贮藏条件下,也没有明显实验证据表明惰性气体对延长种子寿命有明显效果,因此在目前保存实践中,一般都不采用惰性气体进行种子贮藏。

(4)包装容器

一般具有防水性且对种子无潜在伤害的材料均可用作种子保存的包装容器。玻璃、金属、铝箔和塑料等材料常用来制作种子包装容器。包装容器对种子寿命的影响,与贮藏环境条件及种子含水量密切相关。例如,含水量高于 10% 时或对刚收获的种子,不宜直接采用密封容器进行包装,也不宜在低温不控湿的冷库中开放贮藏。采用何种包装容器要根据保存用途、性质,种子含水量和贮藏条件来确定。

①玻璃容器

玻璃容器是早期种质资源保存中较普遍采用的包装容器,包括安瓿瓶、广口瓶和干燥器等。目前广口瓶仍然被许多国家的中短期库采用,德国莱布尼茨植物遗传与作物植物研究所(IPK)的国家种质库(以下简称"德国国家种质库")仍然采用广口瓶作为种质资源长期保存的包装容器。这主要是因为广口瓶具有造价低、使用方便、可重复利用等优点,而且广口瓶是透明的,不用打开包装容器就可直接查看种子形态和剩余种子量等相关信息,也可在瓶内放小包干燥剂来观察包装瓶是否密封。广口瓶的缺点是所占贮藏空间相对较大,操作过程易造成破碎,瓶子密封操作较麻烦且密封性能较差,有时为了达到密封包装的要求需在瓶口涂蜡、凡士林或其他密封涂料。因此众多低温库长期贮藏种子时,一般不选择玻璃瓶作为包装容器。

②金属容器

金属容器具有强度大、体积小、质量轻、搬运和管理方便等特点,常用于种质资源保存,尤其是长期保存。常用的金属容器有螺旋盖式种子盒和真空密封式种子盒。螺旋盖式种子盒由带有螺纹口的盒体和带有相应螺纹的盒盖组成,盒体 60 mm × 18mm × 40 mm,

盒盖60 mm×18 mm,材质为马口铁。盒盖内有密封胶垫,胶垫无味、无毒、耐低温且质软、有弹性、有较高的耐磨性和撕裂强度,我国国家库保存种子时用的便是螺旋盖式种子盒。螺旋盖式种子盒具有使用方便、牢固耐用、占用贮藏空间小,以及便于在贮藏过程中打开以取出种子进行供种或监测(即可重复利用)等优点。当然开启盒盖的次数不能过多,否则盒内密封胶垫会因多次开启而磨损,最终导致漏水、漏气,达不到长期贮藏的密封包装要求。金属容器的缺点是造价较高,制造技术要求也比较高,而且在包装种子时可能会存在因盒盖没有拧紧而导致种子外撒或容易吸湿的现象。真空密封式种子盒用铝合金制成,这种盒的特点是密封性好、占用贮藏空间小、质量轻便于搬运,我国国家复份库早期种子包装采用此种种子盒。包装时,将种子装入盒内,放上盒盖,用真空密封机封口即可。由于该种子盒是一次性密封盒,不能重复使用,因此使用起来既不方便也不经济。此外,封口时还需要配备造价较高的封口机和专门技术人员。因此目前国家复份库也改用螺旋盖式种子盒。金属种子盒大多由马口铁加工成盒体和盒盖后,再镀漆以防水或腐蚀。因此对于不控制湿度的低温种质库,建议不要采用金属容器作为种子保存的包装容器。

③铝箔袋

铝箔袋是目前最广泛使用的种子包装容器。与玻璃瓶和金属盒相比,铝箔袋的优点是质量轻、价格低、占用贮藏空间少、使用与搬运方便,并且可以根据需要制作成不同规格,尤其适用于对花生、麻、棉花、蚕豆、多花菜豆等大粒种子的包装。用于种质资源保存的铝箔袋一般由3种材料合制而成,其外层是聚酯、中层是铝箔、内层是聚乙烯。聚乙烯的作用是使铝箔袋能够遇热密封,铝箔的作用是隔绝水分的进出,聚酯则起保护铝箔免遭机械损伤和氧化的作用。铝箔袋结实、耐低温、耐老化,有极好的防水性和密闭性,可满足种质资源低温贮藏条件下长期使用的要求。此外,尽管铝箔袋每次打开时都需裁掉一些,但取样后又可将铝箔袋重新热合密封,因此一个铝箔袋可以多次使用,铝箔袋较其他种子包装容器具有更多的优点,因而,现在世界上许多国家都采用铝箔袋作为长期贮藏种质资源的包装容器。美国长期库现存的近50万份种质多半以铝箔袋包装,我国国家库在包装大粒种子时也采用铝箔袋,铝箔袋的原料规格为10 μm 厚的铝箔和60 μm 厚的聚乙烯,每袋的年渗水量小于40 mg。另外,铝箔袋密封包装对设备要求不高,国产普通热合机即可,目前我国国家库使用的是FRT-10型塑料薄膜自动连续封口机。铝箔袋虽然具有造价低、使用方便、密封性好等优点,但使用时要严格把好检验及封口操作关,以防封口不严密而造成漏气现象。

④塑料瓶

近年来,许多中期库和短期库也采用透明的塑料瓶作为种子保存包装容器,其特点是:耐低温,在低温下长期使用不变形;坚固、透明性好;瓶盖配有耐低温胶垫,密闭性较好;可根据需要多次打开瓶盖,可重复使用。应用时可在瓶内放一包硅胶,在硅胶变色时更换硅胶,以保持瓶内种子处于干燥状态。使用该类塑料瓶时不一定要求控制湿度等贮藏条件,因此,塑料瓶在许多中期库得到广泛使用。目前种质库使用的种子塑料瓶需要专门定制,一般塑料瓶使用的原料树脂须耐-50℃以下低温,成品应无毒、坚固、透明且耐磨性好。

(5)种传病原菌

微生物也会影响种子生活力。在低温低湿的贮藏环境中,种子的含水量较低,因为细菌的生长需要游离水,所以细菌使种子劣变的作用较弱。如果贮藏条件足够潮湿,则会促进真菌生长,真菌生长就会抑制细菌生长。侵染种子的真菌主要有两种类型:田间真菌和贮藏真菌。田间真菌在田间增生、繁衍并侵染种子,它们的生长需要大量水分,如在谷类植物中种子含水量需要达到30%~33%(以干重为单位)。在收获时期,如果条件异常潮湿,则田间真菌可能导致大量谷粒劣变。一般的商用种子含水量为10%~14%,赤曲霉或其他贮藏真菌在种子含水量13%~15%、温度13℃的情况下能生长。贮藏真菌的生长会释放水分和热量,促使另一些原本不能生长的真菌也开始生长,从而形成一个热点。贮藏在8℃条件下的谷物,热点温度可以高达64℃。很多贮藏真菌只在种子表面生长,但其分泌的毒素会杀死种胚。贮藏真菌的主要危害为降低种子生活力、引起种子脱色、产生真菌毒素、产生热量及水汽并形成热点、使种子发霉甚至使种子结成饼状。真菌的生长受到种子含水量或相对湿度的限制,可以通过调节种子含水量及相对湿度加以控制。一般而言,当淀粉类种子含水量低于13%、油脂类种子含水量低于79%时,贮藏真菌不能生长。

2004—2006年,科研人员检测了保存在国家作物种质粮食作物中期库(北京)中及新繁殖的入库种子的种传病原菌,包括550份水稻、500份小麦、400份玉米、300份大麦和300份大豆。检测结果表明,这些入库保存的种子,不仅携带着许多对种子质量有直接影响的贮藏真菌和直接导致种子发病的真菌,而且携带着一些能通过种子传播引起生长期植株受害的重要致病菌,检测到大豆种质携带种传大豆花叶病毒(SMV)、黄瓜花叶病毒(CMV)、苜蓿花叶病毒(AMV),其阳性检出率分别为24.67%(74份)、12.67%(38份)和4.67%(14份),同时存在不同病毒的复合侵染。如果这些病原菌跟随种质资源入库保存,从而在种子上长期存活,则会对被保存种子的生活力、遗传完整性产生不良影响,而且在后续的田间繁殖更新时可能引起病害扩散,对生产可能产生潜在的威胁。因此,对入库保存的种质资源,不能在疫区繁殖更新,并且有必要针对具有严重致病性的病原菌进行健康检测。

(6)处理种子的化学物(种子包衣)

保存种子时常有用药物处理种子以防止虫害和菌类的侵染。一般的杀虫剂对种子发芽通常无不利影响,但有实验发现:用有机汞化物处理种子,贮藏3年后,茄子、甜菜、包心菜的种子的生命力均受到损害,但胡萝卜、豆、番茄及辣椒则无损害。溴甲烷及四氯化碳的处理对种子的生命力有不利影响,在种子含水量及温度均较高时危害更大,种子的损伤发生于与溴甲烷接触时,并且这种损伤是不可恢复的。化学物也有可能诱导变异。化学物处理对种子的危害可能短期内不能呈现出来,但对其未来的长期保存可能会产生潜在影响。因此,作为种质资源保存的种子,应尽量避免接触化学物,而且有包衣的种子也不能作为种质资源来保存。

(三)提高种子活力和存活机制

种子内部因素(种子含水量和种子起始质量等)和外部贮藏环境(温度和相对湿度等)是影响种子保存寿命的主要因素。因此可以通过调控贮藏温度、调控种子含水量、调控贮藏湿度、处理好贮藏温度和种子含水量的关系,以及获得种子高初始质量等方面,来延长种子保存寿命。

1. 调控贮藏温度

研究表明,在种子适宜含水量及包装等贮藏条件相同的情况下,降低贮藏温度,种子保存寿命明显延长,如在三亚市的水稻、小麦种子的保存寿命(以发芽率降低至75%的时间计算)分别仅为4年和5年,而在西宁市则均可延长到14年以上,表明降低贮藏温度可大大延长种子的保存寿命。

2. 调控种子含水量

根据种子寿命计算公式,种子寿命和含水量之间呈负对数关系,该公式适用的含水量为5%~25%,在该含水量范围内,降低种子含水量可显著延长种子寿命。一些研究结果也认为将种子干燥到含水量低于5%,易产生干燥损伤。因此,早期种子保存时的含水量的推荐下限为5%。在20世纪80年代,超干保存成为热门课题,有人认为将含水量降至5%以下的超干燥种子在室温条件下保存可以达到中期保存(10年)效果,即通过建立常温的超干保存库来替代低温种质库,这样可免去建造低温种质库的巨额投资和降低保存温度所需的高昂费用。随后Vertucci和Roos的研究表明,种子中水的化学势对种子老化影响很大,随着保存温度下降,适合保存的最适含水量升高,含水量过低会加速种子衰老。他们指出在保存温度恒定的条件下,只有在适宜的含水量下,种子寿命才能得到最大限度地延长,提出了"种子适宜含水量(optimum moisture content)保存",每种作物或物种种子的适宜含水量是在温度为20 ℃、相对湿度为10%~15%的条件下达到的平衡含水量。由于各物种种子的化学成分不同,其平衡含水量也不同,若含水量用占种子湿重的百分比来表示,则在温度为15 ℃、相对湿度为10%~15%条件下,淀粉类作物种子的含水量很难低于6%,而油脂类作物种子的含水量很容易降至4%。为此,FAO在2014年制定的种质库标准中,推荐种子保存含水量为在温度为5~20 ℃、相对湿度为10%~25%条件下达到的平衡含水量,而不再推荐以种子湿重百分比表示含水量。在种子保存实践中,适宜含水量下限值就是干燥极限,没有必要再进一步干燥脱水,干燥脱水过度对种子贮藏反而有害。有实验表明,在同一保存温度下,将种子干燥到适宜种子含水量范围,可有效地延长种子保存寿命。

降低含水量是延长种子保存寿命的主要因素,对于大多数作物种子而言,干燥是种子保存前处理的重要环节。在干燥过程中,种子会发生老化,其老化速度或程度取决于干燥条件和种子内在因素。干燥条件主要是控制温度、相对湿度、空气流速、干燥时间等,种子内在因素主要是初始含水量和耐脱水特性等。早期多数种质库都采用热空气干燥法干燥,温度大多采用35~45 ℃,此方法所采用的设备简单、易于操作,而且干燥速度快,但有不少研究表明,热空气干燥若采用40 ℃以上的干燥温度,则会造成种子的内在损伤,其原因是种子在干燥过程中,其活力受到的伤害在当时表现不出来,只有贮藏一段时间以后才能表现出来。

最佳的干燥处理应不使种子受到伤害,尤其是对随后的种子贮藏不会产生潜在的伤害。Cromarty 等通过计算分析认为理论上存在最佳干燥温度和湿度,干燥温度为 0~20 ℃、相对湿度为10%时,种子生活力的丧失不大。因而,国际上建议种质库在干燥种子时采用"双十五"干燥法。对于初始含水量高的种子(如淀粉类种子高于13%,油脂类种子高于10%),应分两阶段进行干燥,先在温度为17~20 ℃、相对湿度为40%~50%的条件下进行预干燥,这一方面避免高含水量种子在干燥过程中遭受高温伤害,另一方面有助于防止昆虫、真菌的侵害。但有研究表明,在菲律宾等热带地区,若水稻种子收获时初始含水量较高(大于16%),采用热空气变温干燥(每天45 ℃下干燥8 h,连续干燥6 天)的水稻种子的衰老速度明显慢于"双十五"干燥法干燥的种子。此前对水稻和毛地黄种子干燥的研究也表明,热空气变温干燥比"双十五"干燥处理,延长了种子的贮藏寿命。在高温高湿的热带地区,如果种子收获时含水量较高,采用热空气变温干燥处理,相当于完成了水稻种子成熟发育阶段的快速脱水,因此能延长随后贮藏阶段的种子寿命。

热空气干燥法温度高、速度快,"双十五"干燥法温度低、速度慢,到底哪种方法的效果好,目前对此的研究报道很少。通常采用高温加速老化法来对干燥种子进行快速老化试验。Whitehouse 等研究认为,高温干燥的水稻种子的保存寿命长于低温干燥种子,但该研究有一缺陷,即实验中采用的是高温加速老化法而非自然贮藏法来评价两种干燥处理对种子保存寿命的影响。种子在高温干燥处理过程中有可能获得耐高温"锻炼"特性,因此在随后的高温老化试验中,表现为较耐高温,即种子寿命评价相对较高。在种质库干燥实践中,由于作物种类众多,而且涉及的因素很多,采用何种干燥条件要慎重,应通过对库存种子生活力的监测来总结分析种质库种子干燥方法与实践经验,以减少或避免干燥处理对种子造成的伤害。

3. 调控贮藏湿度

影响种子达到平衡含水量的速率的因素有很多,主要包括温度、种子起始含水量与平衡含水量的差额、种子体积、种皮的透水性,以及种子的化学成分等。其中以温度的影响最大。例如,在环境相对湿度为20%~80%和温度为15 ℃条件下,高粱种子及小麦种子15 天左右就可达到平衡含水量,但在1 ℃时则需70 天。种子中带有的微生物,在相对湿度>70%时开始活跃生长,并危害种子生活力,但在相对湿度<60%时,微生物则处于休眠状态。因此,对于一般的种子保存,要求采用在相对湿度<60%条件下达到的平衡含水量,而对于长期库保存的种子,宜采用在相对湿度<30%条件下达到的平衡含水量。在FAO 推荐的种质库保存标准中,种子贮藏含水量则是种子在环境温度为5~20 ℃和相对

湿度为10%~25%条件下达到的平衡含水量。

4. 处理好贮藏温度与种子含水量的关系

种子含水量和贮藏温度是影响种子保存寿命的关键因素,当将种子干燥脱水至适宜含水量时,细胞内游离水几乎被完全去除,细胞质呈一种无定型不平衡的高度黏滞态,即玻璃态,此时分子运动几乎停止。玻璃态可以通过增加溶液浓度或降低温度来形成,其主要特征是细胞质黏度很高,因而相对稳定。对温度诱导的玻璃化,其发生点的温度称为玻璃化转变温度(即 Tg 值)。玻璃化转变后,物质的一系列物理、化学学性质发生显著的不连续变化:当温度低于或等于 Tg 值时就会形成玻璃态,此时由于其黏度极大而不能流动和扩散,分子链处于黏滞状态,只有较小的侧链和支链等能够运动,分子运动能量低而几乎无活动和扩散;相反,如果温度高于 Tg 值,则物质处于液态,黏度降低,游离水体积增大,各种受分子扩运动控制的反应加快。低含水量和低温条件下,生物组织容易形成玻璃态,对细胞起到了重要的保护作用,主要体现在玻璃化时细胞整体有很高的黏度,可有效抑制分子扩散,显著减缓了有害化学反应的发生,各种生物降解过程受抑,细胞内的游离水体积减小,因而可防止细胞裂解;在 Tg 值以下时,细胞中没有热转,因而细胞可以忍耐极端的温度变化,防止无序化的溶质过分集中,从而可避免离子强度或pH值的剧烈变化和细胞质成分的结晶。

许多研究证实了种子形成玻璃态,是抑制种子劣变、延长种子寿命的生物物理学基础。例如,在高温高湿条件下,玉米、大豆的种子的细胞质玻璃态的消失,导致种子劣变速率急剧增加。进一步模拟分析表明,在种子长期贮藏含水量为5%~8%的状态下,玉米、大豆和豌豆3种作物种子所需求的长期贮藏临界温度都接近或低于玻璃化转变温度,即在种质长期库贮藏条件下(温度为-18℃,含水量为5%~8%),种子的细胞质呈玻璃态。种子含水量和贮藏温度是影响种子细胞质玻璃态的两个最重要的因素。

种子含水量和贮藏温度也影响着种子细胞的分子移动性。分子移动性是生物组织作物种质资源安全保存原理与技术贮藏稳定性的关键因素,分子移动性越大,有害反应速率越大。采用电子顺磁共振(EPR)和动态力学分析(DMA),从力学角度研究贮藏温度和种子含水量与种子寿命的关系,发现种子寿命与细胞质内分子移动性呈负相关关系,即分子移动性最小时的含水量与种子寿命达到最大值时的含水量接近。分子迁移率与种子老化速率密切相关,分子迁移动力驱动了种子的劣变反应,从而导致种子生活力丧失。虽然分子移动与老化有关,但目前缺乏有效的分子移动测定方法。另外,含水量过低会加剧种子老化,其原因可能是细胞结合水脱水伤害抵消了玻璃态所产生的保护作用。虽然干燥脱水作用会使 Tg 值上升而形成玻璃态,从而增强保护作用,但过度脱水会引起结合水的丧失,降低大分子的稳定性。对于一些淀粉类作物,过度脱水会造成种子干燥损伤、生活力下降、寿命缩短。种子细胞质玻璃态中的水是一种可塑剂,可影响细胞质黏度和细胞内分子移动性。因此,在同一保存温度下,将种子干燥到适宜含水量,可有效延长种子保存寿命。

低含水量和低温条件使酶代谢活动处于钝化状态。酶由蛋白质组成,具有复杂的分子结构,许多酶(尤其是变构酶)的结构会因含水量降低而钝化或失活。另外,种子含水量降低到一定程度时,底物就难以运转到酶附近,辅酶也难以运转到主酶附近,同时助酶因子 Mg^{2+}、Ca^{2+}、K^+、Na^+ 等也不能运转到相应的部位,即使有催化产物生成,也会因缺水而影响扩散,结果使后续反应无法进行。检测种子代谢产物发现,玻璃态种子中依赖 O_2 的酶代谢活动处于钝化状态,其代谢以非酶促反应阿马道里美拉德反应(Amadori-maillard reaction,简称"美拉德反应")为主,终产物主要是醇类、烷类等脂质过氧化产物;而非玻璃态种子因细胞质处于液态,生化反应强烈,以糖酵解为主,其终产物主要是甲醇和乙醇等。相比于非玻璃态,玻璃态为维持种子生活力创造了最适宜的生存环境,既形成了一个防御系统以防止或减缓氧化损伤,又避免了贮藏蛋白质、淀粉、糖类等物质的降解,确保种子在吸胀、萌发时能利用贮藏蛋白质等,以维持供应腺苷三磷酸(ATP)能量代谢系统的稳定,从而使其寿命得到显著延长。FAO 和 IPGRI 提出了种质贮藏的技术标准:中期贮藏温度为 $0 \sim 10\ ℃$,种子含水量为 $5\% \sim 8\%$;长期贮藏温度为 $-18\ ℃$,种子含水量为 $5\% \sim 7\%$,其中大豆的种子含水量为 8%。当种子含水量降到 $5\% \sim 8\%$ 时,种子基本不含游离水,大多数的酶还处于钝化状态,生化反应不能或者很缓慢地进行,加上是低温条件,呼吸作用也非常微弱,甚至不能形成偶联呼吸,可以说新陈代谢几乎处于停止状态。因此,将种子干燥脱水至适宜含水量和适宜的贮藏环境,可大大延长种子寿命,以达到长期保存的目的。

在任何保存条件下,种子都存在一个适宜含水量范围,能使种子的保存寿命得到最大限度地延长。对于同一作物,种子适宜含水量范围随着贮藏温度升高而变窄。将种子干燥至适宜含水量,既可避免含水量过高造成的氧化损伤,又可避免过度脱水造成的干燥损伤,从而显著延长种子寿命。在低温保存条件下,淀粉类和蛋白质类种子的适宜含水量为 $4\% \sim 9\%$,油脂类种子为 $1\% \sim 8\%$,其中 $5\% \sim 8\%$ 含水量具有普适性。

5. 获得种子高初始质量

对于种质库的种子保存,最重要的是使种子维持一个较长的高生活力平台期。物种(品种)遗传特性、贮藏温湿度、种子含水量、种子起始质量等是影响高生活力平台期长短的主要因素,但最主要的决定因素是种子本身的遗传特性,即种子耐贮性。对大麦和小麦等作物种子的研究表明,种子耐贮性受遗传因素、生长环境、种子贮藏的环境状况等因素的综合影响,而遗传因素是使种子贮藏期间生理生化代谢及其生物物理状况存在差异的主要原因。对两份耐贮性不同的小麦种子的蛋白质组及其生理生化分析表明,相比于不耐贮藏种子,耐贮性好的种子对以下几类蛋白质具有较强的表达调控能力:维持了胁迫或防御类蛋白质的表达调控,以抵御氧化损伤;维持了参与糖酵解、三羧酸循环及电子传递链等能量代谢途径的相关蛋白质的表达调控,以供应种子萌发过程的能量需求;维持了参与贮藏蛋白质代谢相关蛋白质的表达调控,以合成种子萌发所需的中间物质;维持了贮藏脂质、核糖核酸(RNA)和离子代谢的平衡,以及较强的膜信号转导调控能力。因此,耐贮性种子具有维持防御氧化损伤、供应能量和供应中间物质的能力,可维持较长的高生活力平台期。此外,对相对电导率、丙二醛含量、抗氧化酶活性、抗氧化剂含量、抗氧化基因和蛋白质表达变化的研究也证实了耐贮性种子具有较强的抗氧化系统活性。换言之,在相同保存条件下,具有较强的抗氧化能力的种子能维持较长的高生活力平台期。抗坏血酸谷甘肽循环相关蛋白质与种子耐贮性密切相关,因此,这些差异表达蛋白质也可作为监测种子生活力的重要候选预警指标。

Ellis 和 Roberts 提出了一个种子寿命公式,综合了种子寿命与种子初始质量、贮藏温度、含水量之间的关系,基本反映了现代种子保存技术诸因素之间的关系。2014 年,FAO 在制定的种质库标准中,要求栽培种的种子入库初始发芽率应高于85%,而在1994年FAO 和 IPGRI 公布的种质库标准中未做要求。Ellis 和 Roberts 曾用 3 批含水量为 10.1% 但初始质量不同的玉米种子在 40 ℃ 条件下进行贮藏,发现贮藏寿命与初始质量呈正相关关系。对国家库 -18 ℃ 下贮藏 10~12 年的花生种子的监测表明,初始发芽率低的花生种子(85%~86%)的生活力下降程度明显大于初始发芽率高的种子(95%~96%,或初始发芽率>99%)。因此,获得入库种子高初始质量也是延长种子寿命的重要手段。

种子初始质量受作物种植管理(含适宜繁殖地点,如是否在种质原产地繁殖),以及种子生产环境、成熟度、收获和干燥处理等环节的影响。有报道认为,玉米、大豆、御谷等作物若在成熟期遇到水分胁迫,其种子质量会受影响。对于异花授粉作物御谷,繁殖时的授粉方法也会影响种子的繁殖质量。此外,种子繁育环境温度、收获时间对水稻种子初始质量及潜在寿命也具有重要影响。在一定范围内,随着种子成熟度的增加,种子生活力显著增加。值得指出的是,并不是成熟度越高,种子的生活力越高。种子成熟后如不及时采收并给予妥善干燥脱水和保存,田间高温、高湿及降雨可导致种子在植株上呼吸代谢活动增强,劣变加速。因此适时采收是获得高活力种子的关键因素之一。但种子为何在原产地适宜季节(或适宜繁殖生态地区)繁殖收获的质量较佳、初始发芽率高且保存寿命相对较长,其生理生化基础是什么,目前有关这方面的直接证据还很少。今后有必要加强对田间繁殖环境(栽培密度、水肥管理)和成熟收获气候环境(适宜繁殖地区和季节)、种子起始质量(生活力)的生理生化机制,以及延长种子保存寿命的生理生化基础理论的研究。

因此,为确保入库种子具有较高的初始质量,应做好以下几方面工作:一是繁殖环节。应尽可能选择最适宜生态区或原产地和最佳繁殖季节进行繁殖,对引进资源则选择与其原产地近似的生态区进行繁殖,田间管理应按照各作物种质资源繁殖更新技术规程进行。二是收获环节。在最佳成熟期及时收获,并且收获没有受病原菌和害虫侵害的健康种子,种子收获后需尽快进行晾干干燥,即种子的初步干燥,若采用室内热空气干燥则干燥温度建议不超过43 ℃,而且空气必须流通,即在短时间内将含水量降至安全含水量范围。三是脱粒考种环节。建议采用人工脱粒方式和人工清选方式,挑选饱满、色泽好且整齐度一致的种子作为种子资源保存样本。建议建立专门的种子资源繁殖更新基地,配备专业化的种子采收、干燥、脱粒和清选设备以提高种子资源繁殖、采收、加工、处理质量,确保入库保存种子有较高的初始质量。

二、种子生活力监测与预警

干燥后将种子在低温种质库贮藏,尽管其贮藏寿命可大大延长,有的甚至可延长至上百年。但库存种子生活力监测结果表明,低温种质库保存条件只能延缓而不能阻止种子衰老,因此随着贮藏时间的延长,种子生活力会下降。而当库存种子发芽率下降到更新临界值以下时,其在更新时会丧失遗传完整性,因此要确保库存种质安全保存,关键是库存种子生活力在降至更新临界值时能被监测预警出。此外,不同作物之间、不同物种之间,甚至是不同类型和品种之间的种子生活力的丧失特性及其贮藏寿命都存在差异。因此,必须通过定期监测,了解种子在保存过程中的生活力和保存量的变化状况,以及各作物(物种)种子保存年限;必须通过监测预警,即通过发展监测预警技术,并结合库存种子生活力丧失特性或规律,来提前预测出种子生活力何时进入骤降期,何时需进行种子繁殖更新。传统的种子生活力监测是通过发芽试验法进行的,获得的发芽率指标无预警能力,而且监测间期一般为 5 年或 10 年,常出现监测时种子的发芽率已降至 30% 以下的情况。因此要实现库存种子的安全保存,监测预警是避免种子生活力降至过低的最后一道防线,也是十分重要的一个技术环节。

在低温库贮藏条件下,各种作物种子生活力的丧失特性(即生活力降至繁殖更新临界值的具体年限)及贮藏寿命(即各作物种子在低温库中的保存年限)有所不同,定期进行生活力监测是各种质库做好种质资源安全保存工作的核心。

(一)影响种子保存年限的因素

影响种子保存年限的因素是前文介绍种子内在因素(如种子含水量和种子初始质量等)及外在因素(如贮藏温度和湿度等)。2005 年,Walters 等报道了美国长期库约 4.2 万份种子的生活力监测结果,涉及 276 个物种。监测结果表明,发芽率总体上从初始平均值 91% 降至 58%,其中有 8 220 份种子发芽率仍保持在 99% 以上。近年来,我国长期库也加大了对库存种子的生活力监测,我国国家长期库贮藏温度为 -18 ℃,种子含水量为 5% ~ 7%(大豆为 8%),种子密封包装。低温库中,若更新发芽率临界值标准采用 70%,国家长期库所有监测作物平均发芽率都高于 70%,则保存年限都高于 20 年(除莴苣贮藏年限为 18 年外),最长为 28 年。若采用 50% 的更新发芽率标准,则各作物保存年限可达到 20 ~ 70 年。然而,花生在美国长期库保存 34 年后,发芽率就从 89% 降至 6%,下降值为 83%,而在我国长期库中保存 27 年后,发芽率几乎没有下降,仍维持约 97% 发芽率。无论从单一作物看还是从所有作物看,美国长期库种子生活力监测下降值都明显大于我国长期库,这可能与下列因素有关:一是与保存条件有关,即美国长期库初始阶段(1958 ~ 1978 年)贮藏温度为 5 ℃,之后为 -18 ℃;二是可能与美国没有规定种子入库初始质量等有关,如没有规定初始发芽率的入库标准和繁殖质量标准;三是可能与种子收获前作物种植管理、收获时气候条件,收获时种子成熟度、含水量及干燥脱水处理等因素有关。

目前多数长期库贮藏温度都采用 FAO 推荐的 -18 ℃，但生活力监测结果表明，同一作物的种子寿命在不同长期库之间存在很大的差距。根据报道，仅从种子生物学影响因素来看，主要有下列几方面：一是适宜繁殖生态区和繁殖季节，二是种子种植和成熟收获期的环境条件，三是入库前种子干燥脱水处理条件。

适宜繁殖生态区和繁殖季节就是通常所说的种质库保存材料需送回原产地繁殖，即在最佳繁殖生态地和最适宜繁殖季节进行繁种。从我国长期库小麦种子生活力监测结果来看，国外引进小麦种子（原繁种单位为中国农业科学院作物科学研究所）保存 27 年后，生活力平均值从入库初始的 94.0% 降至 86.8%，下降了 7.2%，而国内小麦种子（除中国农业科学院作物科学研究所繁种的种子之外，均为国内品种，都是在原产地繁殖）平均发芽率仅下降 2.3%。这表明国外引进种子尽管能在国内相近生态区进行繁殖，但其繁殖种子质量未能达到最佳。

种子收获期环境条件对贮藏种子生活力和生活力下降的影响也非常大。例如，上海市农业科学院繁殖的水稻种子在国家库仅保存 10 年，其中 74 份水稻种子生活力平均值比初始生活力下降了 4.8%，下降幅度明显大于中国水稻研究所和江苏省农业科学院繁殖的水稻种子。后经咨询调查得知，来自上海市农业科学院的该批种子在收获时遇到了高温、下雨天气，并且没有晾干处理条件，因此尽管其入库时发芽率达到入库标准的 90% 或以上，但其潜在的种子生活力受到了影响，在贮藏不到 10 年就表现出来了。

入库前种子干燥脱水处理也是影响贮藏种子生活力和生活力下降的重要因素。早期一般认为高温干燥是促使种子生活力下降的潜在因素。而在种质库干燥脱水实践中，热带地区的种质库采用"双十五"干燥法干燥水稻种子（干燥约 14 天），其贮藏寿命反而没有高温干燥（干燥温度为 45 ℃，每天干燥 8 h，干燥 6 天）的长。究其原因，根据水分解吸等温线，热带地区收获的水稻种子含水量较高（大于 16.2%），种子还处于生理成熟代谢活动阶段，即处于发育脱水阶段，而对于那些原产于热带地区的水稻品种而言，高温脱水是发育成熟的必要条件，因此有利于延长随后的贮藏寿命。为此，种子干燥不能简单地采用低温低湿的"双十五"干燥法，对于来自热带地区的种质材料，在收获时先采用高温干燥条件可快速地将种子含水量降至安全含水量以下，再采用低温低湿的"双十五"干燥法是有其科学道理的。

(二) 监测方法和监测间期

种子保存过程中的监测主要包括种子生活力监测、活力监测和保存量监测。生活力监测就是通过对库存种子样品进行发芽试验，以监测被保存种子的生活力状况；活力监测是对被保存种子进行生理、生化指标监测，一般与生活力监测结合进行；保存量监测就是对每份被保存种子数量的监测，分发供种及定期生活力监测会导致保存数量减少，所以必须定期监测库存种子保存量的变化。

目前，各国种质库种子贮藏过程中的生活力监测，通常采用《国际种子检验规程》或各国制定的国家种子检验规程的标准方法进行。在这些方法中，用于每次发芽试验的种子通常为200~400粒,每次发芽试验检测的种子数目是固定的,也称固定样品量测定法。由于每次生活力监测所用种子达200粒以上,太浪费种质材料,因而在实践中用种量减少至50~100粒,也称为改良的固定样品量测定法。该方法除所用种子粒数减少外,试验条件、操作步骤与固定样品量测定法相同。在实践中,该方法具有要领清楚和操作简便的特点,如一旦新发芽率临界值确定,就可使种质库管理者根据发芽率测定结果做出决定。例如,更新发芽率临界值为85%,若发芽率测定结果高于85%,则种子继续保存,反之则取出种子进行更新。对于保存量少或较珍贵的种质材料,FAO建议采用Ellis等提出的把序列测定应用于种质库的种子生活力监测的方法,该方法的核心也是减少每次生活力测定的用种量(减少到20~40粒)。保存量监测一般采用定期监测方法,通过监控数据库每份种质的活种子数量即可。如果数据库记录的每份种质数量是以质量进行计量的,则应将千粒重换算成粒。

监测间期就是两次生活力监测的间隔时间。FAO推荐了长期库(-18℃)库存种子生活力监测间期标准:对于能预测出寿命的作物种子,建议监测间期为发芽率降至初始发芽率的85%水平的寿命年限的1/3,但最长不超过40年;对于无法测出保存寿命的长寿命作物种子,建议监测间期为10年,而短寿命作物种子为5年;当监测到活种子数量不够3次繁殖更新有效繁殖群体量时,需安排更新。我国国家库贮藏20年以上种子生活力监测结果表明,水稻、小麦、大豆、玉米等34种作物种子的监测发芽率平均值都高于87%(除牧草是75%外,牧草监测发芽率较低主要是因为许多牧草是野生材料,没有规定种子入库的发芽率标准),表明在-18℃贮藏条件下,首次监测间期可长于10年,甚至可为20年。但对于芹菜、菜、苦瓜、茎用莴苣等不耐贮的蔬菜作物种子,在我国国家库贮藏22年左右,种子的平均发芽率降至70%以下,因此对于不耐贮藏或短寿命作物种子,监测间期为5年或10年较为合适。

根据我国长期保存实践经验,首次监测间期可参照FAO推荐的10年,之后要根据监测数据进行调整,这是因为在入库保存种子中,同一年、同一种作物(或物种)的种子也有不同种地(繁殖地点)的差别,不同繁殖地点意味着在种子成熟时期、收获时期或入库处理方面存在着差异。例如,在长期库生活力监测中,同一年入库的3个不同繁种单的种子(其繁殖地点不一样,成熟情况、收获情况、入库处理也不一样),尽管入库时这3批种子发芽率平均值相差不大,但贮藏10年后,其中一批的平均发芽率下降了4.8%,其他两批平均发芽率下降值分别为1.8%和1.0%。因此,对于同一作物的保存种子,首先分析监测结果和产生平均发芽率下降的原因,以此来确定下一次监测间期,尤其要考虑种子贮藏前的繁殖地点、种子成熟和收获时的环境条件等,即需要收集繁殖地点、种子成熟和收获时的环境条件等信息,并添加到监测更新数据库中,作为监测和更新管理的参考依据;其次以"批"为监测单位,"批"是指某一单位在同一时间、同一地点繁种并送交入库保存的同一作物的一批种质。

在生活力监测中,采用逐份监测还是抽取监测也需慎重决定。在种子入库保存初始阶段，为节省监测成本，可考虑抽取监测，即从保存种子中抽取10%~20%的样品进行生活力监测。由于品种间存在遗传性的差异，且这种差异将随着贮藏时间的延长而表现得越来越明显，因此，对于贮藏时间较长或耐贮性较差的作物种子，需采用逐份监测的方式。另外，在监测实践中，要以"批"为单位进行整批次的逐份监测，并根据统计分析结果来判断这一批种子是否继续保存或进行更新。

（三）监测预警种子生活力丧失关键节点

许多报道指出，即使在-18℃保存条件下，经正常干燥的种子仍然会逐渐丧失发芽能力。例如，对保存年限为16~81年的美国长期库中的4.2万份种子（隶属于276个物种）的生活力进行监测，结果表明，整体的平均发芽率从初始的91%降低到58%，也有部分种子的发芽率降至0。我国国家库种子生活力监测结果也表明，1.4万余份种子贮藏20年后，发芽率降至70%以下的种子占到被监测种子的1.1%。仅靠定期进行生活力监测，常常会出现某一"批"种子中的大部分种子的监测发芽率值已低于更新临界值。这是因为当种子生活力处于快速下降期时，若还沿用每隔10年进行种子生活力监测，则有可能在下一次监测时，相当部分种子监测发芽率已降至更新临界值以下。

因此，将种子在低温库中保存，虽然其贮藏寿命大幅延长，但生活力下降仍不可避免，并且至今未见报道有可行的预警方法来准确监测或预测被保存种子的生活力何时降至更新临界值。对种子生活力的准确监测预警是一个世界性难题，其难点主要在于：一是保存作物种类多、类型也多且种质保存数量巨大。因此需要摸清各类作物种子在低温库中的生活力丧失（存活特性）规律的相关影响因素。种子寿命和生活力丧失特性除与遗传因素和贮藏条件有关外，还与各批次种子初始质量和干燥处理等因素密切相关，种子初始质量又与繁殖地生态环境条件及其成熟、收获时的气候环境相关，而这些影响因素很难量化。二是种子生活力降至一定水平（阈值）时会导致种质材料在更新过程中丧失遗传完整性。因此需要明确各作物的种质更新发芽率临界值。三是缺少可行的生活力丧失预警技术来提前预测种子生活力降至更新临界值。因此要构建生活力预警技术，需要研究种子生活力丧失机制，获得与生活力密切相关的预警指标。由于种质资源保存数量巨大，并且每份种子保存数量有限，因此要发展快速、无损的生活力丧失预警技术。无损就是在监测预警时不消耗种子。四是缺少可行的库存种质生活力监测方案，难以对各类作物种质做到准确监测预警。因此需要综合相关研究技术或成果，通过定期监测库存种子发芽率、发芽势、活力指标及种子生理生化预警指标，并结合相关辅助背景信息，准确预测出需更新的种质批次。研究表明，作物种子在低温库的贮藏条件下，生活力存活曲线显现出反S形，即贮藏初期种子处于高活力的平台期，生活力下降得很缓慢，但保存一定时间后生活力出现骤降，之后生活力下降又相对缓慢，即库存种子生活力下降并非等速率。种子生活力由平台期转向骤降期的过渡区，被定义为种子生活力丧失的关键节点（拐点），也就是各批次种子易出现骤降的区域。

库存种子生活力丧失特性和关键节点的揭示，对于制定库存种子生活力监测预警方案具有非常重要的指导意义。一是可指导优化监测间期。按国际上的标准,种质生活力监测间期为 5 年或 10 年。当库存种子生活力处于丧失的关键节点时,若仍按 5 年或 10 年安排生活力监测,则到下次监测时,种子生活力有可能已经很低甚至完全丧失。因此,在库存种子生活力监测中,应根据种子生活力丧失特性,优化监测间期,即在平台期可适当延长监测间期,而在临近关键节点时则缩短监测间期。二是可指导筛选预示种子即将转向骤降期的监测预警指标,并建立有效的监测预警方法,以便能够及时发现生活力过低的种质材料。种子生活力丧失的关键节点就是种子更新发芽率临界点。在种质资源安全保存过程中,非常重要的是维持种质的遗传完整性,即无论种子生活力降至多低水平,种子都能够将群体中的遗传多样性完整地传递给子代。许多报道指出,多数地方品种和野生资源均是混合群体,在发芽率降至很低时进行繁殖更新,易导致后代群体遗传完整性丧失。因此,为维持种质遗传完整性,需要确定适宜的更新临界值。然而,由于缺乏实验依据,国际上主要种质库采用的繁殖更新临界值各不相同,例如,国际农业研究磋商小组(CGIAR)采用的更新临界值为发芽率降低至初始值的 85%,俄罗斯和美国采用的更新临界值分别是发芽率降至 50% 和 65%,英国和波兰采用的更新临界值是发芽率降至 80% ~ 85%。在种质保存过程中,尽可能维持较长的高活力平台期(保存期)是种质安全保存的根本要求。

  种子生活力丧失的关键节点也是细胞结构和功能濒临崩溃的关键位点。研究发现,氧化损伤和线粒体损伤的产物可作为生活力丧失关键节点的预警指标。当种子生活力处于丧失的关键节点时,与种子生活力密切相关的生理生化活动变化剧烈,主要体现在两方面:一方面,发生氧化损伤和线粒体损伤。氧化损伤主要体现为非酶促抗氧化剂(抗坏血酸和谷胱甘肽)水平降低,抗氧化酶及其基因表达受到抑制,导致抗氧化酶活性显著下调,超氧阴离子自由基(O_2^-)和过氧化氢(H_2O_2)含量增加,活性氧(ROS)积累,导致脂质过氧化损伤,使膜系统完整性降低,同时生成活性羰(RCS)或挥发性物质。RCS 会攻击蛋白质,导致参与逆境防御和能量代谢的蛋白质羰基化修饰水平上调,即发生蛋白质氧化损伤。线粒体损伤主要体现为线粒体的结构和功能发生损伤。在高活力的平台期,种子吸胀时,线粒体能够修复并发育成完整的结构,为种子萌发、生长提供能量。在生活力丧失关键节点,线粒体结构的损伤也显著影响了线粒体的活性、电子传递链活性等,抑制了 ATP 的生成和中间物质的生理代谢,并导致 ROS 积累等。另一方面,在生活力丧失关键节点,线粒体发生损伤并诱导反馈机制。通过调控电子传递途径及其复合体组成,以及诱导交替氧化酶、解偶联蛋白和交替 NADH(还原型辅酶Ⅰ)脱氢酶的表达,以弥补细胞色素途径因活性降低而导致的电子和质子传递效率下降,从而使线粒体维持一定的 ATP 合成能力,同时减缓 ROS 过量积累和氧化损伤。当种子生活力低于关键节点时,氧化损伤进一步加剧,反馈机能丧失,导致线粒体等细胞器结构瓦解,代谢功能崩溃,促使种子生活力由平台期转向骤降期。进一步研究表明,氧化损伤和线粒体损伤的产物可作为种子生活力丧失关键节点的预警指标。种子生活力丧失关键节点的生物学机制及其特征指标的揭示,为研发种子生活力监测预警技术提供了重要理论依据。

(四)监测预警方案

(1)基于种子生理生化指标的生活力监测预警技术

一是分析氧化损伤终产物,利用与种子生活力丧失关键节点密切相关的醇、醛类等挥发性物质确定预警指标,通过检测种子挥发性物质信号的电子传感器阵列,研发了针对小麦、大豆、油菜3种作物种子生活力快速无损检测技术,该技术对种子生活力的区分准确率达到95%以上,预测准确率(检测准确率)达到98%以上。二是分析线粒体损伤,筛选出细胞色素c(cyt c)、交替氧化酶(AOX)、呼吸耗氧等预警指标,采用光纤电极技术检测种子呼吸耗氧(J_{O_2}),获得了种子生活力预测方程式(大豆 $G = 5.22 \times J_{O_2} - 61.16$),可实现对大豆种子生活力的快速检测。此外,一些研究者认为种子的水溶性谷胱甘肽等抗氧化物、细胞质玻璃态、RNA酶等也与种子老化和贮藏寿命密切相关,也很有潜力作为种子生活力丧失监测的重要预警标志物。

(2)基于种子逐日发芽测定的生活力监测预警技术(活动指标预警法)

该方法与传统的库存种子生活力监测法相似,都是采用种子发芽试验,但传统监测法的监测指标仅记载发芽势和发芽率,而基于种子逐日发芽测定的生活力、监测预警技术要求逐日记载每日种子发芽数,在计算发芽势当天剪下根苗,烘干后称根苗干重,分析计算发芽指数、活力指数、萌发起始日、达到萌发峰值的发芽天数根苗健壮度及发芽率相邻测定一致性比率等指标。卢新雄和陈晓玲首次提出利用发芽试验获得的活力指标作为监测库存种子生活力丧失的预警指标,即在传统种子生活力监测试验中,增加逐日萌发数检测,并进行相关活力指标统计分析。这些指标可以为库存种子生活力变化的预警指标,尤其可以作为生活力从平台期转入骤降期的预警指标。以上述活力指标为库存种子的监测预警指标,可预示每批监测种子质量状况的变化,其预警能力显著提升,即生活力预警指标可用于提前判断每批种子是继续保存还是需要更新,或者应缩短监测间期并作为重点监测对象。

参考我国国家库库存种子监测预警方案。寒地野生大豆种植监测预警的主要内容如下:一是将"批"(同一作物在同一地点、同一季节繁殖的一批种子)作为监测评价的基本单位。二是采用具有预警能力的监测方法。采用基于发芽试验的活力指标预警法,并结合基于种子生理生化指标的预警法,获得发芽率、发芽势、逐日萌发数、活力指标、生理生化指标等信息。三是评价判断,首先以发芽率、发芽势、活力指标、生理生化指标等为核心,以作物基因型、繁殖地点及气候条件等数据信息为辅,建立监测评价数据库,并构建种质安全监测管理系统。其次在此基础上,以"批"为单元,利用"85%判断法"预测库存种子生活力和遗传完整性变化趋势,调整监测间期、预测更新时间,从而实现对库存种子生活力的有效监测预警和安全更新。

"85%判断法"是指对于一般种质的更新判断,若某"批"种质总份数为A,监测发芽率低于85%的种质份数为B,"更新指数(R)"为监测发芽率低于85%的种质所占的比例,

即 B/A。判断标准如下：

当 $R>50\%$、监测发芽率平均值 $<85\%$ 且萌发起始日和高峰值日均推迟 1 天以上时，需更新。

当 $20\%<R\leqslant50\%$ 时则可继续保存，但需结合监测发芽率平均值、萌发生理等指标调整监测间期。

当 $R\leqslant20\%$ 时则继续保存。

对于野生大豆材料等特殊种质，由于其入库时的发芽率可能低于 85%，则在计算更新指数时，应将监测发芽率换算为相对发芽率，即监测发芽率/初始发芽率。

对于种子寿命预测，早期许多研究者试图采用种子寿命公式对库存种子寿命进行预测，但由于预测寿命与实际保存时间相差甚大，因此种子寿命预测方法仅能作为参考。19 世纪 80 年代后期，研究者试图通过考虑环境相对湿度和物种间的种子内部化学成分差异等因素，来消除实验误差对寿命公式含水量参数的影响，以改进寿命预测准确性，也有研究者发现部分物种间的温度常数值十分接近，因而提出温度常数在物种间是可通用的。

能否准确监测预警，最主要的是要有定期的发芽试验监测数据和基于发芽试验获得的活力指标监测数据，可根据获得的生活力和活力指标等信息统计分析每批次种子生活力状况（更新指数），并依据监测结果的"更新指数"数值判断各批次种子是更新、继续保存还是缩短监测间期。对于"更新指数"处于"更新"临界状况的种子批次，可进一步结合各批次种子生理生化监测预警数据，以及贮藏前的繁殖条件等相关信息进行判断和评价。此外，由于长期库是综合性种质库，保存作物种类多，种子批次和数量也巨大，有时还要考虑繁殖更新时间规划及繁殖成本的问题。总之，要根据每个种质库种子自身的生活力和预警指标的监测结果，恰当判断各批次种子是需要更新还是继续保存。频繁对种质进行繁殖更新，一方面不利于种质遗传完整性的维持，另一方面每一次更新也需花费大量人力和物力。因此，库存种子的更新判断是种子安全保存中最难的一个技术环节。技术上不仅需要发展生活力监测技术和预警技术，而且需要构建监测数据库及其相关数据分析技术；信息上不仅需要依赖库存种子的生活力或预警指标监测信息，而且需要种子入库前相关繁殖及其前处理信息，还要注意收集各作物（类型）或各物种种子的耐贮性信息、在低温库的贮藏寿命信息，以及在其他种质库的贮藏寿命信息等。这样才能对库存种子的监测结果做出较为准确的评价和判断。

第二节 种质库保存技术

种子的内在因素（种子含水量和种子起始质量等）和外在因素如贮藏环境（温度和相对湿度等）是影响种子保存寿命的主要因素，种质库正是根据此原理建设的，其作用一是为种子保存提供了相对恒定的低温、低湿的贮藏环境条件;二是有一整套科学规范的种子入库处理程序和贮藏标准,以确保种子含水量达到适宜水平且具有较高的初始质量,从而延长种子的保存寿命。

一、种质库操作处理技术

种质库种子操作处理程序主要包括新收集种质样本整理、试种观察、鉴定、编目、种子初始生活力检测、干燥、包装、入库贮藏、生活力监测,以及供种分发和资料信息整理等一系列操作处理(图5-1)。

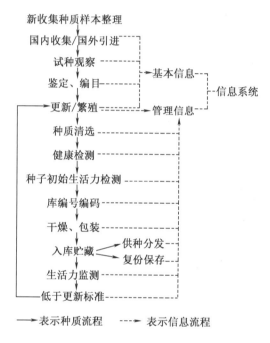

图5-1 种质库种子操作处理程序

经过多年的不断探索和总结,参考国家种质库相关操作程序,本书总结了一套适合寒地野生大豆种子的保存处理程序。通过种质保存处理程序,能保证获得高质量(高纯度、高生活力、无病害)和低含水量的种子以供保存,能有效对被保存种子进行监测与更新,同时获得被保存种子的相关信息。

(一)新收集种质样本整理

对新收集的种质样本进行整理,先核对种质样品与相关信息是否一致或正确,然后归类并列出清单。在获得种质样品的同时应及时索取或记录种质的基本信息,包括种质中文名称、学名、原产地地理信息、原保存单位编号、采集号或引种号、提供者、收集日期、种质类型,以及种质数量和状态等。

(二)鉴定、编目

根据采集地生长和开花结实的生长条件与原生境信息,对种质材料进行鉴定分类和表型性状记录。通过对试种的表型性状观察比较,剔除已收集保存的种质材料,对于之前未收集过的种质材料则进行登记编号,这时的编号是原保存单位编号。鉴定则是对种质材料的相关农艺性状表型变异进行检测的过程。主要采用肉眼观察度量的方法,对各种农艺性状进行调查、记录和分析。

编目是为了避免资源重复收集保存,对经试种观察和鉴定后确定为新资源的种质给予一个唯一编码,即统一编号,以便于集中、统一管理与利用。按照全国种质资源目录编写规范要求,对种质的收集基本信息、农艺性状鉴定信息及相关评价信息进行整理汇总,并汇编成种质资源目录。我国作物种质资源编目行政主管部门是农业农村部,具体组织协调单位是中国农业科学院作物科学研究所。科研人员可将寒地野生大豆核心种质资源交由中国农业科学院作物科学研究所进行编目,给予每份种质一个全国统一编号,送交到我国国家库进行长期保存。

(三)种子清选、健康检测

种子清选是指剔除那些受病害感染或者没有生活力的种子,以及混杂的其他材料,以保证入库保存的种子有较高的初始质量、纯度与净度。种子清选也是种质库操作处理的重要环节,这是因为种质库保存一份种质资源的费用很高,而且空间有限,受病原菌和害虫侵害的种子可能将病虫害传染给其他种子,所以要确保初始入库的种子是高质量的种子。种子健康监测则是测定种子是否携带有病原菌(如真菌、细菌及病毒)、害虫或线虫等,对种子携带的病虫害种类及数量都要进行检测。种子健康检测越来越受到种质库管理者的重视,这是因为有些种传病原菌在低温条件下的生长仅受到抑制,但某些真菌的孢子仍然具有生活力。在种子繁殖更新时,一些有致病性的病原菌会重新产生危害。因此,入库前对种子进行健康检测是非常必要的。对受到虫害的种子,应及时隔离,然后用磷化铝进行熏蒸或在0℃以下贮藏7天以上将成虫杀死;对感染病原菌的种子,在贮藏过程中不宜使用杀菌剂,因为化学药品会影响种子的长期贮藏寿命,一般在重新播种时对病原菌进行处理。

(四)种子初始生活力检测

初始生活力检测是非常重要和必要的,这是因为种子初始质量的优劣,尤其是初始生活力的强弱对种子耐贮性的影响很大。种质库通过初始发芽率测定,获得初始生活力。种子初始生活力检测的重要性体现在:一是种质库管理者根据检测的种子发芽率或生活力,可对种子能否入库保存做出判断。一般要求种子发芽率初始值不得低于85%。种子生活力与种质遗传完整性存在密切的关系,尤其是遗传上异质种质材料,所以要求种子具有较高的初始生活力是非常必要的。对于长期库保存的种子,若种子初始生活力达不到入库标准,一般要求对其重新进行繁殖后再入库保存。二是种质库管理者通过种子初始生活力检测,可大致估算出种子的贮藏寿命潜力,为下一步种子保存过程中生活力监测方案的制定提供依据,这也是确保种子长期安全保存的必要基础。

1. 种子初始生活力检测内容

进行初始生活力检测的目的是为种子未来贮藏潜力和田间出苗潜力的判断提供依据。从我国国家库操作实践来看,结合发芽试验过程来记录相关活力指标信息,在操作处理上是可行的,尤其是针对准备进行长期保存的种子资源,初始的种子活力信息的积累是非常必要的。初始生活力检测中多采用发芽试验法测定种子发芽力,因为发芽试验法是最精确的生活力测定方法,所以普遍被各种质库用。

发芽力检测采用《国际种子检验规程》或国家种子检验规程的标准。这些规程都为一般作物种子发芽力检测提供了最适的发芽试验条件及检验方法,包括发芽试验温度、发芽床基质、加水量、发芽天数及结果评估等,并提供了某些作物所需要的特别处理和打破种子休眠的建议。

初始发芽力检测的用种粒数可根据采集种质类型、种子大小、种质材料繁殖难易程度确定,一般种质库种子初始发芽力检测的用种量为75~150粒,3~4个重复(每个重复25~50粒)。

初始生活力检测试验结果的记录与计算:试验初期检查发芽势,即在规定的日期对发芽试验进行初次发芽计数,将发芽种子放置在发芽皿一侧,将未发芽的和不正常幼苗放置在另一侧,待试验终期检查发芽率时再记录。在发芽计数时,硬实种子按发芽计数,复粒种子按每单位籽粒中产生一株正常幼苗计数。发芽率容许误差是指每次试验的各重复间最大容许差距(最高值与最低值之差),或者试验之间最大容许差距。《国际种子检验规程》规定:若各重复间的发芽数最高值与最低值之差超过最大容许差距值,需要重新进行发芽试验;若两次试验的发芽率之差超过最大容许差距,也需要重新进行发芽试验。但在种质库初始发芽力检测中,因每份种子数量有限且很宝贵,若发芽试验结果各重复间或试验间的最高值和最低值之差超过最大容许差距,不必都重新做发芽试验。此外,最大容许差距还应用于许多方面,如在破除休眠处理方面。若破除休眠处理的发芽试验的发芽力与对照的差值大于最大容许差距,则可判断破除休眠处理方法是有效的。在种子贮藏过程中的生活力监测方面,若两次监测发芽力差值小于最大容许差距,可初步判断种子生活力没有出现显著下降。

发芽势和发芽率计算公式如下:

种子发芽势(%) = 发芽初期(规定日期内)正常发芽粒数/供试粒数×100

种子发芽率(%) = 发芽终期(规定日期内)正常发芽粒数/供试粒数×100

入库发芽率标准:一般野生材料不低于50%。根据我国国家库以往的经验,对于未达到入库保存标准的种质材料,还是先入库存放,待新繁殖种质材料合格后再替换掉原先低发芽率的种子。

对于种子初始生活力检测,优先采用国际或国家种子检验规程中发芽试验方法进行检测;每批次种子的发芽试验结果,尤其是检测结果偏低时,需考虑改进发芽条件进行重新检测或破除休眠,以排除由检测条件不适合造成的检测结果偏低。对于种质库种子生活力的检测,最主要的是能准确检测出种子的真实生活力水平,而不必在意所采用的发芽方法是否是种子检验规程中所推荐的标准检测方法。种子质量检测还是一项新技术,科研人员要真正掌握不同作物、不同类型、不同品种种子质量的造影和鉴定的技术标准,尚需进行反复、认真、多次的试验,并与标准发芽率比较,摸索并积累宝贵的经验。

2. 种子初始生活力检测条件

检测结果能否准确地反映出种子的真实生活力水平,关键在于能否为被检测物种子提供一个最适宜的发芽环境条件。1985—2000 年,我国国家库补充完善或首次研究提出了适用于 60 余种作物(主要是近缘植物)种子的发芽力测定方法。种子发芽试验测定方法涉及要素包括发芽基质与水分、温度与光照、O_2 与 CO_2 等。

(1) 发芽基质与水分

发芽基质也称发芽床,是发芽时托放种子并供给种子萌发水分的衬垫物。进行发芽试验时,主要是按照规程选择适宜的发芽床。一般需采用普通滤纸或专门定制用于发芽的滤纸(吸水性好、有韧性且不易撕裂)。发芽箱内的相对湿度尽可能保持接近饱和。水分是种子吸胀、萌动的先决条件。没有水,种子就不能发芽,各类作物种子要吸收一定量的水分才能发芽。尽管水分是发芽的关键因素,但在各类种子检验规程中,对发芽过程的水分用量没有明确要求,一般要求发芽床必须含有足够的水分,以满足发芽需要,但水分不宜过多,否则就会限制通气。因此,每次发芽试验的发芽床加水量只能根据发芽床的性质、大小,以及所检测种子的大小和作物种类来决定,即最适的加水量需根据具体试验来确定,加水少了会影响种子吸胀与萌发,加水过多会影响通气,反而抑制发芽。一般富含淀粉和油脂的种子的最低吸水量相对较低,而蛋白质含量高的种子的最低吸水量相对较高。

(2) 温度与光照

温度是种子发芽的必要条件。种子发芽有最低温度、最高温度和最适温度,即"种子发芽三基点温度"。种子发芽的最低温度和最高温度分别指至少有 50% 的种子能正常发芽时的最低温度界限值和最高温度界限值。最适温度是指种子能迅速萌发并达到最高发芽率时所处的温度界限值,该温度常常是种子检验规程上推荐的发芽温度,寒地野生大豆发芽最低温度为 10 ℃ 左右,最高温度为 30 ℃。在最低温度时,种子可以发芽,但缓慢,发芽时间延长。而在最高温度,种子发芽受到抑制。发芽最适温度为 18~25 ℃,寒地野生大豆在该温度条件下发芽最快、最齐,发芽率最高。寒地野生大豆种子在变温条件下能获得最高的发芽率。变温是指不同的昼夜温度交替变化,温度变化一般要求在 3 h 内实现即可。要求在变温下发芽的作物种子多为野生种。变温对促进休眠种子发芽有明显的效果。大豆种子属于光中性种子,即种子发芽时对光反应不敏感,在有光或黑暗条件下均能正常发芽,并且可达最高水平。但是,在种子检测实践中,各物种或各生态类型的种子对光照的需求往往更为复杂。此外,光包括3个相互影响的因素,即光质、光照强度和光期,它们不同的组合影响种子萌发,如有些种子休眠可被光打破,但随着光照时间的延长,种子萌发被抑制。

(3) O_2 与 CO_2

在常规发芽规程中,一般没有对 O_2 做出专门的要求,这是因为现有的发芽条件已为种子提供了足够的 O_2。多数植物种子的发芽需要 O_2,无 O_2 或 O_2 不足时,其发芽便受到抑制。种子吸水后,其内部的酶开始活化需要 O_2,呼吸作用增强需要大量的 O_2。一般情况下,水分和种皮是限制 O_2 供应的主要因素。种子发芽时,若周围的水分过多,水中的 O_2 远不能满足种子的需要。种子吸胀后,种皮透气性下降,外部的气体难以透进种子内部,造成缺氧条件,会抑制种子发芽。一般含油量高的种子需要的 O_2 浓度高于淀粉含量较高的种子。缺氧或显著低氧对种子发芽的抑制作用与物种密切相关:有些非休眠种子因缺氧而进入休眠,不能萌发;有些休眠种子也能因缺氧而破除休眠,从而较好地萌发。种子发芽时,周围气体成分除 O_2 外,还有 CO_2。一般认为,CO_2 浓度在一定范围内对种子发芽无影响,如果浓度过高就会抑制发芽。

目前针对一般的野生大豆种质资源,种质库检测种子发芽力所需温度、相对湿度、O_2 和光照等环境条件,主要由发芽箱或发芽室提供。要求发芽箱能提供相对湿度≥90%的环境条件,并且温度条件维持稳定,箱内上层、下层温差(箱内上层、下层温差一般为 0.5 ℃)和相对湿度均匀,无大的波动。好的发芽试验环境条件既能满足种子发芽所要求的环境条件,又能确保发芽试验的可靠性和稳定性。

3. 种子休眠初始生活力检测

为获得种子真实的发芽力水平,在发芽试验前或发芽过程中会采取一些打破休眠的处理方法。在种质库日常发芽实践中,最常遇到的种子休眠类型包括生理休眠、硬实、萌发抑制物休眠3大类。生理休眠通常由种子内部生理原因决定,即使外界条件(温度、水分等)适宜,种子也不能萌动和生长。硬实种子往往由于种壳的机械压制或种(果)皮不透水、不透气阻碍胚的生长而呈现休眠。萌发抑制物休眠是指种子胚或种子内存在萌发抑制物而使萌发受抑制,从而使种子处于休眠状态。

破除休眠主要从内外两方面进行,外界因素是指提供适宜的气体成分、光照、水分与温度,内在因素则是指促使种子的生理生化状态与形态结构的变化等。只有内外相互配合才可能使种子打破休眠状态而进入萌发阶段。下面对破除生理休眠和硬实的方法进行介绍。

(1)破除生理休眠的方法

预先冷冻处理:发芽试验前先将种子放在湿润的发芽床上,置于 5~10 ℃ 条件下预冷不同时间,然后在规定温度下发芽。

光照处理:在发芽试验中,每 24 h 至少需光照 8 h;当种子发芽试验在变温条件下进行时,需在高温时期进行光照,使用光照强度为 750~1 250 lx 冷白荧光灯照射。

(2) 破除硬实的方法

机械划破：把种皮刺穿、削破、锉伤等，使种皮透水。处理时要细心，不要损伤种胚。

液氮处理：将种子装入放有沉重物（如铁块）的尼龙网袋中，然后投入液氮中约 1 min。如果取出的种子有的还没有裂皮，可再次投入，直至全部裂皮为止。

去除种子外部构造：一些物种，如禾本科种子，去除刺毛状总苞、内外等可促进种子发芽。野生大豆种子具有硬实性，其种皮致密、不透水或透水性差，不能吸胀发芽。野生大豆的种子硬实性是一个特有的与驯化相关的性状。野生大豆种皮结构从外到内依次为角质层、栅栏层、柱状细胞和薄壁组织。种子硬实主要与角质层和栅栏层相关。硬实种子的角质层无裂痕，而吸胀种子种皮角质层存在细小裂痕且裂痕主要分布于种子背部。栅栏层细胞含有不透水的酚类和醌类物质，尤其栅栏层的明线可能与大豆种子硬实高度相关。另外，硬实种子的形成还与果胶成分有关。因此，在测定野生大豆种子初始生活力和监测预警时需要先破除野生大豆种子的硬实性，再进行后续一系列生活力测定操作。

(五) 库编号编码

为便于对入库保存种质材料的管理，一般都对入库保存种质材料逐份进行编号，即给每一份保存种质材料一个编码代号，称为库编号。对保存种质材料进行库编号编码也是种子入库处理的重要环节。赋予库编号的种质材料，入库贮藏的种质数量、发芽质量、健康度和纯度，以及相关种质信息都符合入库贮藏标准。

何时进行种质库编号的编码，各种质库都有所不同。对于中期库，由于种子是种质库自身负责繁殖的，每份种子的数量和质量一般都有保证，可在收获、考种之后，在入库处理前进行种质库编号的编码。依据我国国家库的经验，在初始生活力检测后进行库编号编码是比较合适的，经生活力等的检测后，对不符合入库贮藏标准的样品及重复的样品就不用进行库编号编码了。此外，有必要对拟入库保存的种质材料进行查重，一方面检查待入库的种子以往是否已入库保存，另一方面检查同一批待入库的种子中是否存在相同品种。在进行库编号编码时，对种子袋内的原始标签等标识都给予保留，在出错时可供溯源查验。

(六) 干燥

低温和低含水量是延长种子贮藏寿命的关键因素。1994 年，FAO 和 IPGRI 推荐的种质库标准规定，中长期贮藏时，理想的种子含水量为 5%~7%（大豆为 8%）。20 世纪 70 年代，各种质库所采用的温度、湿度等干燥条件各不相同，主要是能将种子含水量降至 5%~7%（大豆为 8%）即可，但要求干燥温度不能超过 40 ℃。2014 年，FAO 推荐的种质库标准规定，贮藏含水量标准为在温度为 5~20 ℃、相对湿度为 10%~25% 的干燥条件下所获得的平衡含水量。对于中期库或者热带地区，建议还是采用传统的热空气干燥方法来干燥种子，或者采用"双十五"干燥法；对于长期库和非热带地区，可采用 FAO 推荐的低温低湿干燥方法。

热空气干燥法是种质库最常用的种子干燥方法，优点是干燥速度快，这一点对于处理种类多、种质数量巨大的种质库尤为重要。此外,操作处理方法简便且干燥条件易达到。野生大豆种子属轻度耐干型,耐干燥能力较差,应保持相对湿度为10%~37%。相对湿度<10%时种子易丧失生活力。种子干燥速度太快,种子表皮将会破裂,生活力受损,不利于贮藏,或者种子表皮变硬而影响内部水分的散失。例如,在快速干燥的情况下,大豆种子将会在含水量降至9%(湿重)左右时发生种皮裂化。如果在较高的相对湿度(40%)下,种子干燥趋于缓慢,可以干燥到含水量约为8%(湿重)而不发生种皮裂化。

(七)包装

包装就是用容器将干燥脱水且含水量符合入库贮藏标准的种子进行密封包装以供贮藏的过程。包装的目的是防止贮藏过程中种子从大气中再吸收水分,使每种子样品分开并防止病虫害对种子的伤害,使得种子得以长期妥善贮藏。寒地野生大豆种质库常用包装容器为种子盒。种子包装容器在用于包装种子之前,必须逐个检查,如种子盒密封性能是否完好,不符合质量要求的包装容器绝对不能使用;包装容器上所使用的标签应防水性能好。包装种子时,包装容器上的条形码一般都预先打印并粘贴好,包装需有多人核对所包装种子是否与包装容器上种子名称及编号一致,绝对不允许出现包装错误;同时,将原始包装袋中的所有原始标签装入新包装容器中,假如原始包装袋没有标签,则需将原始包装袋上的相关信息标识剪下并装入新包装容器,以防出现差错时有可供追溯的原始凭证。相关包装及称重记录应及时输入数据库。采用自动化数据采集技术,在包装种子时对种子质量和粒数等数据进行自动采集。同时,包装间应保持温度为23~25 ℃、相对湿度为40%以下,每批处理种子需在3 h内包装完毕。

(八)入库贮藏

入库贮藏是把包装好的种子放入低温库中定位贮藏的过程。对于非自动化存取管理的低温库,在种子入库贮藏之前,种质库管理人员需要对低温库房的种子架,按照排、架、筐的顺序进行编号,所编出的号码即为库位号。例如,01代表第1排,02代表第2架,04代表第四筐。管理人员依据各种作物所占的库位号,通过计算机排列出各作物的库号与库位号的对应图,称为种子入库贮藏定位图。在种子入筐时,每筐内应放入含有该筐号和该筐所放的种子库位号范围的卡片标签。然后按筐上库位号把筐放到种子架上。种子入库贮藏定位之后,记录该批入库存放的种子份数和时间,将入库种子的库位号输入管理数据库并记录存档。

种子入库贮藏之后,种质库管理人员须将种子入库处理过程的相关信息进行整理汇总,包括向原繁种单位回执报告该批种子的入库处理结果,即哪些种子合格可入库,哪些需要重新繁殖入库。将处理过程中所有纸质资料整理归档,并将种子处理过程中的种子质量和含水量等测定结果信息输入管理数据库。

二、种质库管理运行

种质库保存可以有效地延长种子保存寿命。种质库主要从调控贮藏温度、调控种子含水量、减少干燥处理对种子的损伤和获得种子高初始质量4个方面来延长种子保存寿命。种质库管理运行流程如下。

(一)种子接纳登记

种质库工作人员按入库数量和质量等标准对入库种子进行核对与接收,并登记有关种质基本信息资料。作为入库野生大豆种质资源保存的种子,其质量与包装需达下列标准要求:一是种子应是当季采集或繁殖的,发芽率一般要求90%以上;二是种子要清选干净,去除破碎粒、虫蚀粒、无胚粒、秕粒、瘦小粒、杂粒等,杂质不得超过2%;三是种子无明显病虫损害,未受损伤;四是种子收获后要及时进行晾干处理,送交时种子含水量应小于或等于13%;五是每份材料袋内应有标签,标明采集地、统一编号、原保存编号,在袋的外部也应有对应的标识,包装要结实、牢固、防漏、防混杂、防散包。

繁种单位在送交种子入库时,还需提供入库种子的基本资料信息,即提交电子文本的《种子入库清单》。内容包括统编目录号、原保存单位编号、种质名称、科名、属名、种名、繁种地点等项目(表5-1)。提供繁种地点等相关繁种信息,对于国家库今后种子活力监测及更新管理尤为重要。

表5-1 种子入库清单

作物种类:　　　　　　　　繁种单位:　　　　　　　　填表人:

全国统一编号	原保存单位编号	种质名称	科名	属名	种名	种质类型¹	原产地²	收集日期³	繁种地点⁴	繁种年代	繁种单位	粒色	粒形	类型	备注

1. 种质类型:①野生资源;②遗传材料;③其他。
2. 原产地:国内种质填"×省×市(县)"。
3. 收集日期:种质原始保存单位收集到该份种质的日期,以"年、月"表示。
4. 繁种地点:填"×省×市(县)"。

对于邮寄或托运来的种子,首先要检查包裹有无破损等情况。对受潮的种子要及时烘干,对有破损的情况要记录在案,并及时与送种单位联系。对因破损而出现混杂的种质予以退回,不得入库保存。核对统一编号、种质名称和原保存单位编号是否一致,若发现不一致的地方,请送种人员核实清楚后,再进行核对接收。

(二)种子查重、去重

种子查重包括两方面:一是核查新接收种子是否与种质库保存种子重复;二是核查每批将要进行处理的种子之间是否存在重复(也称自身查重)。将新接收种子的"原单位编号"和"种质名称"等数据项输入计算机,与库存种质管理数据库核对是否重复。对于查重出现的重复种子,将重复种子退回原繁种单位,不能再重复入库。相关查重结果附在"种子入库处理清单"中。

(三)种子数量及质量检查

核查入库种子的数量和质量状况,以保证入库保存种子的高质量。种子保存数量是指野生大豆种质材料入库贮藏的数量要求。在实际操作中,一般作为繁种者向种质库提交种子数量的最低要求。野生大豆种子提交种子数量的最低要求:长期库保存量为 50 g,中期库保存量为 30 g。

质量初查内容:有无发芽粒、霉烂粒、无胚粒、破碎粒、空秕粒等;有无杂草及其他混杂的种子;有无活的害虫(包括幼虫、卵、蛹等);有无菌核、菌、孢子团块等;有无、石块、皮壳等无生命杂质。凡存在上述问题的,需进行清选处理。若发现有害虫的种子,则应立即将其送到熏蒸间进行熏蒸处理。对数量和质量核查合格的种子,给繁种单位开具接收证明等,并将种子存放到 4 ℃临时库中,待下一步处理。

(四)种子初始生活力检测

保存种子主要是为以后种子能发育成植株并再生产出新种子做准备。因此种质库在入库时及贮藏期间都需要高生活力的种子。对入库贮藏种子的初始生活力按国家库最低标准进行要求,初始生活力低于规定标准的种子不予入库,需重新繁种入库。国家库检测种子生活力主要是采用标准发芽试验,因为目前它是最能精确反映种子生活力的测定方法。标准发芽试验主要通过测得准确的发芽势和发芽率来测定种子生活力。将初始发芽率达到标准的种子入库保存。

(五)监测预警

在贮藏过程中,种子生活力会下降,每份种子数量也因生活力检测和分发而减少。此外,随着生活力的下降,种质遗传完整性会发生变化。因此,在种子贮藏过程中,对种子生活力、数量及遗传完整性都需要进行监测,目的是能准确地掌握每份种子材料的生活力、数量和遗传完整性的动态变化,以便能准确做出何时繁殖更新的决定。

对每份种子的保存数量的监测相对简单,一般种质库管理者可根据监测生活力计算出其存活的种子数量,从而根据存活保存数量标准来判断是否应该更新。但是,种子生活力监测是种质库监测工作的核心,相对复杂,包括监测方法、检测间期、监测方式及监测结果的统计分析等。种子生活力监测常采用标准发芽试验,寒地野生大豆可采用序列发芽测定法,该方法每次测定用种量为 20~40 粒。监测间期,FAO 推荐对于可通过种子寿命公式计算种子寿命的物种,首次监测间期为根据种子寿命公式得出种子生活力降至初始生活力 85% 时寿命时间的 1/3,长寿命物种种子的监测间期为 10 年,短寿命物种种子的监测间期为 5 年。可采用抽测方式,当多数种子生活力处于相对快速下降阶段时,就不能再采用抽测方式了,而应采用逐份监测方式。监测结果统计分析,即对种子生活力监测结果进行归类或归批次统计和分析,以便为判断种子是否继续贮藏或繁殖更新提供依据。以"批"为单位,进行整批次的逐份监测和统计分析,便于种质库监测预警与更新管理。

预测低温库种子的保存寿命既是重要的也是必要的,因为若能预测出种子发芽率何时降至更新水平,则能有效安排种子进行繁殖更新,确保种质安全保存。目前,预测种子保存寿命主要是根据 Ellis 和 Roberts 提出的寿命公式。但在实际应用该公式时,所预测出的种子保存寿命较难应用,有些预测结果与种质库保存实际经验不符,还需要根据具体作物和具体贮藏条件分析。

预警是指种子在贮藏过程中,有哪些指标可预示种子发芽率处于或即将处于快速下降阶段,通过分析指标以便种质库管理者做出预测或决策,如决策保存种子生活力的监测频率,以避免被保存种子的生活力已降至更新临界值以下却还在进行常规生活力监测。

(六)供种分发

供种分发是种质库向使用者提供种质材料的过程。种质库保存种质的最终目的是使种质材料得到有效利用。目前,国际上通行的惯例是中期库负责种质资源的供种分发,而长期库不承担一般性的分发任务,仅提供原始种质材料给中期库进行扩繁,以供进一步分发利用。中期库一般会通过网络等途径向公众公布可供分发的种质资源及其相关鉴定信息和索取方法等。

种质库都需要制定种质供种分发办法,内容主要包括规定保存者和使用者在分发供种中的责任与义务,以及每次提供份数、每份种质提供种子粒数等,同时分发办法及供种分发过程须遵循国家作物种质资源分发利用的法律法规,以及符合国际上种质资源获取与惠益分享条约的约定。国际上在评价中期库时,很重要的评价内容是评估使用者所反馈的资源利用效果及分发服务质量。中期库向使用者提供种质样品时,需要附上该份样品的背景信息,如基础信息、管理信息及评价鉴定信息。考虑到保存和繁殖的高成本,分发人员也必须判断需求者对种质材料的索取是否合理,如所索取的种质材料是否适合在需求者所在地区种植等。

对寒地野生大豆种质进行分发时,用铝箔袋密封包装种子,以免种子在运输期间受潮,使种子质量受到损害。同时分发人员应注意库内所剩下的活种子数量是否足够完成一个繁殖周期所需种子量的 3 倍,若不够则应重新安排繁殖,再提供给需求者。每次从低温库中取出种子时,都应注意在打开容器之前使容器升至室温,数出种子后及时重新密封好容器。一般来说,野生大豆每份种子分发 30~50 粒的活种子,若库存种子量太少,也可考虑繁殖后再提供。此外,管理人员应把种质分发地点、时间、数量,接受者姓名、地址,包装方式,运输方式及所提供的背景资料等数据及时登记入档案本并输入计算机管理数据库。

(七)复份保存

复份保存即选择另一种质库作为原种质库资源保存的备份库,这两个种质库之间应有一定的空间距离,以避免战争或自然灾害可能给种质资源造成的毁灭性损失。复份保存不仅包括种子实物的复份安全保存,也应包括相对应资源信息的复份安全保存。

复份保存资源主要是长期库保存的种质材料,寒地野生大豆主要采用"黑箱(black-box)"方式送黑龙江省中长期种质资源库保存,即将准备进行复份保存的种子样品装在箱子里,外加密封条。未经种质寄存人的允许,复份库保管人不允许开箱动用复份保存的种质材料。对于复份保存的种子,装箱包装前同样要进行种子入库前处理加工,如生活力检测和干燥、包装。此外,作为复份保存的"黑箱"应选择耐低温且结实的材料制作,如铁皮箱,要确保在运输和贮藏过程中不易被撞裂。

(八)信息处理与汇编

入库保存种质材料的相关信息是非常重要的,也是不可或缺的。种质信息包括基本信息、鉴定评价信息和管理信息等。对于种质库管理而言,种质信息的累积对一些特殊收集材料而言是相当重要的。这些原始信息描述得越详细,种质的保存和利用价值就越大。对缺少基础资料的种子,应及时让原繁种单位提供后再接收。对种子接纳登记后,必须及时把资料登记入档案本并输入计算机管理数据库。

参 考 文 献

[1] 陈晓玲,张金梅,辛霞,等.植物种质资源超低温保存现状及其研究进展[J].植物遗传资源学报,2013,14(3):414-427.

[2] 卢新雄,辛霞,尹广鹍,等.中国作物种质资源安全保存理论与实践[J].植物遗传资源学报,2019,20(1):1-10.

[3] WOODSTOCK L W. Physiological and biochemical tests for seed vigor[J]. Seed Science and Technology,1973,1(1):127-157.

[4] VENTURA L,DONÀ M,MACOVEI A,et al. Understanding the molecular pathways associated with seed vigor[J]. Plant Physiology and Biochemistry,2012,60:196-206.

[5] TEKRONY D M,EGLI D B. Relationship between laboratory indices of soybean seed vigor and field emergence[J]. Crop Science,1977,17(4):573-577.

[6] SUN Q,WANG J H,SUN B Q. Advances on seed vigor physiological and genetic mechanisms[J]. Agricultural Sciences in China,2007,6(9):1060-1066.

[7] TEKRONY D M,EGLI D B. Relationship of seed vigor to crop yield:a review[J]. Crop Science,1991,31(3):816-822.

[8] 吴道藩,宋明,刘万勃.保持和提高种子活力处理技术的研究进展[J].西南农业学报,2001,14(3):90-93.

[9] 颜启传,胡伟民,宋文坚.种子活力测定的原理和方法[M].北京:中国农业出版社,2006.

[10] 韩亮亮,毛培胜,王新国,等.近红外光谱技术在燕麦种子活力测定中的应用研究[J].红外与毫米波学报,2008,27(2):86-90.

[11] 傅家瑞,蔡东燕.应用PEG渗调提高大豆种子活力的研究[J].作物学报,1986,12(2):133-138.

[12] 刘军,黄上志,傅家瑞,等.种子活力与蛋白质关系的研究进展[J].植物学通报,2001,18(1):46-51.

[13] 孙群,王建华,孙宝启.种子活力的生理和遗传机理研究进展[J].中国农业科学,2007,40(1):48-53.

[14] 徐亮,李建东,殷萍萍,等.野生大豆种皮形态结构和萌发特性的研究[J].大豆科学,2009,28(4):641-646.

[15] 王栋,卢新雄,辛霞,等.一种用于野生大豆遗传完整性分析的繁殖更新方法:CN106386116A[P].2017-02-15.

[16] 刘振宁,张瑞静,李登来.不同生境野生大豆种子形态扫描电镜观察[J].农业与技术,2015,35(4):24.

[17] 郭凤霞,王海.野生大豆繁育过程中应注意的几个问题[J].甘肃科技,1998(3):41.

[18] 王付娟,刘书含,李淑梅,等.野生大豆种皮障碍休眠解除及萌发的研究[J].大豆科学,2019,38(5):733-739.

[19] 陈静静.野生大豆种子硬实相关QTL发掘[D].北京:中国农业科学院,2018.

[20] 李琳.不同浓度浓硫酸破除野生大豆种子硬实的研究[J].安徽农学通报,2021,27(12):79-80.

[21] 崔聪淑.破除野生大豆硬实的一种简单方法[J].种子,1988(2):47.

[22] 陈辉,张文明,张磊,等.合肥地区野生大豆硬实破除方法的研究[J].种子,2008,27(2):29-32,39.

[23] 陈叔平.国际种质资源保存和研究动向[J].世界农业,1992(12):13-15.

[24] 卢新雄,陈叔平,刘旭,等.农作物种质资源保存技术规程[M].北京:中国农业出版社,2008.

[25] 李德铢,杨湘云,HUGH W P.种质资源保存的战略问题和面临的挑战[J].植物分类与资源学报,2011,33(1):11-18.

[26] 陈叔平.我国作物种质资源保存研究与展望[J].植物资源与环境,1995,4(1):14-18.

[27] 刘永花,何云,陈业渊,等.我国热带作物种质资源保存现状及对策[J].热带农业科学,2005,25(6):61-63.

[28] 马缘生.我国作物种质资源保存技术研究进展[J].作物品种资源,1991(3):1-3.

[29] 悦祥营,魏振杰,李春娇,等.作物种质资源保存技术[M].北京:学术书刊出版社,1989.

[30] 严学兵,王成章,郭玉霞.我国牧草种质资源保存、利用与保护[J].草业科学,2008,25(12):85-92.

[31] 卢新雄,曹永生.作物种质资源保存现状与展望[J].中国农业科技导报,2001,3(3):43-53.

[32] 卢新雄,陈晓玲.我国作物种质资源保存与研究进展[J].中国农业科学,2003,36(10):1125-1132.

[33] 徐海明,胡晋,朱军.构建作物种质资源核心库的一种有效抽样方法[J].作物学报,2000,26(2):157-162.

第六章　寒地野生大豆种质圃繁殖与更新

第一节　种质圃保存原理

一般而言，自然保护区、原生境保护区(点)、种质圃等保护设施，都是以植株为保存载体的植物种质资源保护方式，而种质圃保存是作物种质资源战略保存中不可或缺的重要途径。

一、种质圃保存的遗传多样性范畴

对于一种作物而言，种质圃收集品主要为该作物的初级、二级和三级基因源，即该作物种内的遗传多样性及其野生近缘种多样性。但由于种质圃的植株保存需占用地，种植管理费工、费力、成本高，保存能力相对有限，因此，种质圃保存应依据作物本身遗传资源的特点及濒危状况，确定优先收集保存的种质资源类型。

(一)古老地方品种

地方品种不仅综合性状优良，而且在长期的栽培过程中形成了对某一特定环境的很强的适应性，还含有特异的基因。但由于这些品种可能不具备现代化大生产所要求的某些性状，日益受到现代产业化的冲击，种植面积渐小且有被逐步淘汰的危险，因此不管是国内还是国外的传统地方品种都应作为资源收集、保存的重点。由于品种的更新换代、产业调整或城镇化建设等，目前许多珍贵的果树地方品种资源在原产地已不再种植且已找不到，仅在国家种质库仍有收集、保存。

(二)作物野生近缘植物种质资源

作物野生近缘植物通常含有一些栽培作物没有的优异基因，如抗病虫基因、耐逆基因、优质基因、高产基因等。这些优良基因可通过远缘杂交等方法转育到栽培品种中，从而改善栽培品种的产量和品质。但由于开发过度，野生资源的生境遭到不同程度的破坏，部分野生资源处于"生境破碎化"的濒危状态。例如，我国野生大豆生境退化严重，部分野生大豆种群已不复存在。因此，对于野生近缘植物资源的收集、保存，应首先收集、保存濒危的野生近缘种；其次在有条件的情况下，尽可能地收集野生大豆资源并进行保存。

(三)育成品种和突变体

对于育成品种，收集、保存的重点应是那些经过生产实践考验的主要栽培品种和骨干亲本,这无论是对优异基因的发掘还是对直接进行育种利用都是非常有意义的。对于品系和中间材料,应收集、保存那些在育种上具有重要利用价值的材料。在自然环境中可产生各种各样的突变体,这些突变体材料可能具有特殊经济或科研价值,也应该收集、保存。对生产者直接有益的突变体,生产者应加以重视和发掘利用;而许多突变体在生产上暂时不会产生有益价值,但有可能具有潜在的利用价值,对于这种具有潜在利用价值的材料,种质圃也应加以收集、保存,以便进一步鉴定和挖掘利用。

二、影响植株安全保存的因素

对于以植株保存的种质资源而言,安全保存的目标是确保所收集、保存的作物种质资源的多样性得以世代延续,并且其遗传稳定性得以维持,即植物存活与物种特性延续有保证、物种及种质资源的多样性也就能维持了。因此,了解影响植物本身长久存活和遗传稳定性维持的因素,是确保植株种质资源安全保存的基础。

(一)影响植物存活的因素

自然界中维持植物物种延续包含互为依存的两个方面:一是维持植物本身生存(即一代生存),二是维持物种群体的延续。尽管不同植物的生存时间有长有短,但都要经过衰老阶段,最后趋向死亡。所以植物生长发育到一定阶段的时候,会通过繁殖产生新的个体来延续后代。对于以植株为保存载体的作物,其本身具有生存时限,生存时限由植物自身的遗传因素决定。影响植物长久存活的外部因素有很多,如自然灾害、病虫害、人类(或其他动物)活动破坏等,这些都威胁着野生近缘植物种质资源的生存和繁衍。不管是庭院、野外山地还是种质圃,都极易受到各种自然灾害如地震、泥石流、火灾、洪涝和极端天气等的危害。一些动物活动、病虫害及外来物种危害也是影响野生近缘植物种质资源生存时限的重要因素。另外,人类活动如城镇化和水利工程、工厂等工程建设,以及对土壤和空气的污染等因素,导致野生近缘植物种质资源的生境遭到破坏,加速了植物的死亡或消失。

(二)影响遗传稳定性的因素

对于种质圃保存的众多种质资源,最重要的还是尽可能地维持其种质的遗传稳定性,避免遗传变异的发生,以便所保存的种质资源的目标优异性状得以保留和应用。但由于种质圃保存的种质资源都是从原生境移植到另一个适宜的环境中种植的,受植物本身遗传特性及环境的影响,在种质圃中保存的种质资源有时会出现性状的变异,造成原有遗传特性的改变。

1. 生态适应性

生态适应性是植物在长期自然选择过程中形成的。不同种类的生物长期生活在相同的环境条件下会形成相同的生活类型,它们的外形特征和生理特性具有相似性,这种适应性变化称为趋同适应。这可能与植物本身的生态适应性有关,不同地区有不同的气候环境,环境因素影响相关基因的表达程度和表达进程,影响植物体内部的生理代谢,进而影响植物体本身的生物学特性及其对不同地区的生态适应性。因此,在某一生态地区建立的种质圃,仅适宜保存该地区的活体植物种质资源,或是生态习性近似的种质资源。因此,对于古老地方品种及其野生资源,应该同时进行种质圃保存和原生境或产地保存。

2. 繁育系统

许多野生种质资源在种植一定时间后会丧失原有的一些野性特征。导致野生种质资源的野性特征丧失的主要因素是繁育系统。传统上,繁育系统是指直接影响后代遗传组成的所有有性特征,主要包括花的综合特征、花各性器官的寿命、花开放式样、自交亲和程度和交配系统。野生资源收集保存的作物种质圃,需关注繁育系统对野生种质资源遗传稳定性的影响。在对野生资源(尤其是濒危野生近缘植物)进行取样移位保护或繁育时,需要根据濒危植物的交配系统来制定遗传多样性的取样和繁育策略。从交配系统对种群遗传变异分布型的影响来看,近交种的不同种群间存在较多的遗传变异,因此取样保护这样的种群时,就必须尽可能地在不同的种群内采种。因此在利用种质圃进行野生资源移地保护时,既要注意物种的存活适度,又要充分考虑繁殖适度问题,更重要的是要了解清楚野生近缘植物的繁育系统,才能确保野生近缘植物在种质圃中得到妥善的保护与利用。

三、植株安全保存机制

种质圃是通过植株方式保存作物种质资源的田间保存设施。这种保存设施需建在最适宜被保存作物生长发育的生态地区,建设与配套适合该类作物种质资源收集引进、隔离种植、鉴定评价、监测更新、安全防护的条件设施和技术管理措施。目前,种质圃是作物种质资源植株安全保存的最佳方式,其主要作用体现在以下几方面。

(一)持久维持保存资源的遗传稳定性

各类被保存作物种质资源的植株的种质圃的建设地点都选择在最适宜该作物生长的生态地区,该生态地区往往也是该类作物种质资源遗传多样性最为丰富的地区。这样就可保证集中收集、保存的种质资源处于最适宜的生长发育环境中,以维持保存资源的遗传特性的持久稳定。种质圃相关人员会根据保存资源的繁殖特性,制定种质资源繁殖更新技术规范,从技术上来确保产生的后代个体的遗传稳定性。因此,通过种质圃保存方式可持久维持保存资源的遗传稳定性。

(二)最大限度地保证保存资源的世代延续

在适宜种质资源生长的生态地区建种质圃来对其进行保存,能保证种质资源处于最适宜的生长环境状态,从而保证其固有的生存时限。在此基础上,种质圃具有较好的种植生长设施条件,并有工作人员对种质资源进行精心种植和维护管理,同时种质圃有定期监测、维护管理技术措施,对于长势衰弱、病虫害严重的资源或需更新繁殖的资源,会及时进行复壮或繁殖更新,以最大限度地保证保存资源的世代延续。

(三)最大限度地避开自然灾害的危害

种质圃保存设施一般也会选择在非地震频发,常年较少出现冻害、干旱、冰雹等灾害的地区。因此相于自然保护区、原生境保护点及散落在野外等,种质圃在建设初始,就应规划设计避开自然灾害的危害。尽管在种质资源植株保存实践过程中,有时也会受到几十年一遇的极端天气灾害的危害,但概率很小,此外,通过不同种质圃互为备份保存,则可确保种质圃中的种质资源被安全妥善地保存。

（四）最大限度地避开人、动物及病虫害的危害

种质圃一般建有围栏、监控等设施,加上有专门的安保管理,可最大限度地避开人、动物的无意损害,以及人为偷窃和破坏。种质圃保存的资源是处于野外生长状态的,可时刻受到病毒、病虫害的潜在危害。为此,未来无论从何种途径引入种质材料,都必须与植物检疫部门密切合作,确保引入种质圃的任何种质不带任何已知的病毒和病虫害,对已知的病毒要进行强制性的监督和检验,将种质材料送往国家指定的专业植物检疫站进行检疫。

（五）建立安全保存技术规范

种质圃种质资源之所以能持久得到妥善保存,主要是因为各种质圃已建立了资源安全保存技术规范。该规范规定了新收集引进资源的隔离检疫、试种观察、鉴定评价、扩繁或繁殖更新(复壮)、保存过程中的种植管理、长势及病虫害监测,最大限度地维持种质繁殖体在入圃处理及保存过程中的遗传稳定性。

（六）互补备份保存

尽管种质圃植株保存的安全性有一定的保证,但仍有可能会受到火灾、洪涝、低温、病虫害等的危害,为避免因意外事件发生而导致资源得而复失,常采取以下互补备份保存方式,确保资源能被长久、安全地保存。

植株和种子备份保存较多应用在野生资源保存方面,如在我国,野生稻、野生大豆、小麦近缘植物、多年生牧草等野生近缘植物种质资源,一般都既在种质圃进行植株保存,又采集种子并存放到低温库中进行保存。另外,对于许多无性繁殖作物的野生近缘物种,也常采集种子存放到低温库中保存,尤其是多倍体作物,尽管其产生子代分离,但通过子代分离筛选,有时也能获得理想的基因型。因此,这类多倍体作物的种子是保存了相关基因而不是基因型。例如,六倍体的甘薯、四倍体的胡椒和马铃薯,其后代很容易出现性状分离。因此,必须保存大量的种子,才有可能筛选获得来自特殊基因型的所有可能的基因。

第二节　种质圃保存技术

一、种质圃设计原则

一个种质圃的设立需要考虑到很多方面。例如,该作物种质资源在农业生产、育种及相关产业方面的重要性;该作物种质资源的遗传多样性及丰富程度;该作物种质资源的濒

危状况;是否通过种质库保存的方式满足不了保持该作物种质资源的遗传完整性要求;是否具备该作物种质资源的收集、繁殖、保存技术基础条件等。在此基础上,对属于我国特有物种的种质资源,应优先考虑建圃,并尽可能地将生态习性近似的作物种质资源考虑在内。

(一)种质圃设计模式

种质圃的规划设计主要有3种建设模式。我国借鉴国际种质圃建设经验,根据作物种质资源的生物学特性,以及种质发展特点,将种质规划设计为三大类来建设:一是单一作物种质圃,承担对某一种(类)无性繁殖作物及多年生作物种质资源(野生近缘植物种质资源)、品种权品种、非主要农作物登记品种标准样品的保存,如野生稻、野生大豆种质。二是地方特色种质圃,承担对某一地方特色无性繁殖作物及多年生作物种质资源(野生近缘植物种质资源)、品种权品种、非主要农作物登记品种标准样品的保存。三是区域综合圃,承担对某一区域及邻近相似生态区的无性繁殖作物及多年生作物种质资源(野生近缘植物种质资源)、品种权品种、非主要农作物登记品种标准样品的保存。

(二)种质圃选址

种质圃作为种质资源保存设施,其重要特点是长期性,即建后不可以随意迁移,因此对种质圃址的选择是成功进行种质资源保存的关键。种质圃选址原则如下。

1. 选择适宜生态地区建设种质圃

种质圃的生态条件(气候、海拔、土壤、水质等)应尽可能适合拟准备收集、保存的作物种质资源生长。若种质圃的生态条件与作物种质资源原来的生长环境条件存在较大的差异,则这些作物种质资源可能因生态适应性差而不能健康生长,易引起资源的损失。因此应从土壤类型、气候条件等方面选择最适合的地点来建设种质圃。另外,若想避免因生态适应性差而可能导致的资源损失,可将作物种质资源分散在不同种质圃进行保存。土质、肥力和种植历史状况应有利于该作物长期种植生长,如避免与同种作物及其近缘种之间的重茬,对于产生种子的野生近缘植物,应避免在周围地区种植相同的栽培作物或其他野生物种,以避免种子传播引起基因流动进而引起污染。另外,建圃地点及其周围3 km范围内应无重大污染源。

2. 选择非病虫害疫区建设种质圃

这可以避免资源在保存过程中受到主要病虫害的侵蚀和危害,同时也可以降低防治病虫害的管理成本。种质圃建设地点与和该作物具有同一病原菌的其他作物也应保持一定的隔离距离。

3. 选择无频发自然灾害地区建设种质圃

为避免宝贵的作物种质资源因自然灾害而遭受损失,不应选择在地震、火山频发地区建圃,并且建圃地区应常年较少出现冻害、干旱、冰雹、凝霜等灾害,具体地点不会受到山体滑坡、洪水及风害等危害。种质圃还应选择在不容易被人为偷盗、被动物畜群破坏的地点,以防止资源的得而复失。

4. 选择具有一定基础的研究机构作为建设种质圃的依托单位

依托单位应为该作物种质资源收集、保存、研究的优势单位,具有建设种质圃用地,对土地具有长期所有权和使用权,有进一步扩大收集和保存种质资源的潜力,交通便利且不缺水源。若建圃地点位于城区,应符合城市发展规划的要求。

(三) 种质资源圃功能设置

依据《农作物种质资源管理办法》第十八条"种质圃及试管苗库负责无性繁殖作物及多年生作物种质的保存、特性鉴定、繁殖和分发"的有关规定及实际需要,种质圃应建设保存圃、隔离检疫圃、试种观察圃、鉴定圃、繁殖圃、保存圃等功能圃,并且以建设保存圃为主。保存圃用于种质资源的长期保存,也常用作鉴定圃。其基本条件应能保证种质资源的健壮生长,避免出现生物学或人为混杂。占地面积根据需要而定。不同作物对保存圃建设有不同要求。试种观察圃专门用于种质资源的鉴定评价,通过鉴定评价,合并淘汰同物异名资源、区分同名异物资源,掌握种质资源的基本特性,为种质资源的永久保存和分发利用提供基础数据,并为分类和定植排序提供科学依据。对于某些作物,试种观察圃也可作为鉴定圃。鉴定圃对通过编目的种质进行系统的植物学、生物学和农艺性状评价。该圃通常与保存圃为同一圃。对于需要进行特殊性状鉴定的种质,可以对拟鉴定种质再建立鉴定圃,种质比较实验圃和抗性鉴定圃均为鉴定圃。

(四) 种质资源圃建设规模

种质资源圃设计建设应先考虑圃的功能定位,再依据作物种类、种质数量、植株种植行距及种质圃承担的其他任务要求来确定建圃所需的土地面积。同时也应考虑被保存作物的繁殖习性及是否要求不同地块的轮换种植(即能否在同一地块重茬种植保存)。此外,还应考虑未来发展需求,一般需留足未来 10 年内可能新收集资源包括该作物的野生近缘种入圃保存所需土地。

二、寒地野生大豆种质圃繁殖、更新技术

经过近 40 年的种质圃种质保存实践,国内外相关研究机构提出或制定了许多种质入圃操作处理和操作处理的标准要求。该标准操作处理可有效获得高质量的种质材料,及时检测或预测出需更新繁殖或复壮的种质,最大限度地延长种质存活寿命及在保存或更新过程中维持种质的遗传完整性,确保种质圃保存资源的世代延续和有效利用。

当检测或预测出需要繁殖更新或复壮的种质资源时,为了保持种质资源的遗传完整性和种子质量,使其在该科学研究和生产中长期有效地得到利用,需要对其进行繁殖更新等操作。种质圃繁殖更新方法参照《作物种质资源繁殖更新技术规程》中的规定进行。繁殖圃应选在没有种植过该作物,没有种植过与该作物有连作障碍或有交叉感染病毒的作物及其他植物的土地,以确保作物种质资源的健康强壮。

根据繁殖更新操作处理和标准要求,野生大豆种质资源圃繁殖更新操作程序主要包括了解繁殖种质特征特性、制定繁殖更新方案、选择繁殖更新地点、繁殖更新种子、编制繁

殖更新数据采集表、田间设计、田间种植、田间管理、性状调查核对、田间去杂、收获、脱粒、干燥、清选、核对去杂、种质质量检测、整理包装、送交入库、数据整理及工作总结(图6-1)。

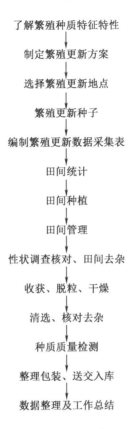

图6-1 野生大豆种质资源圃繁殖更新操作程序

(一)野生大豆资源繁殖生物学基础及其繁殖特性

在作物种质资源繁殖之前,需了解种质资源的基本信息,掌握拟繁殖种质资源的生物学特性。

野生大豆(G. soja),又名野大豆、小粒豆、落豆秧、乌豆、山黄豆、野黄豆或小毛豆,为一年生草本植物,属于豆科(Leguminosae)蝶形花亚科(Papilionoideae)大豆属(Glycine),是栽培大豆(G. max)的野生近缘种。野生大豆在世界上的分布范围非常狭窄,仅分布于中国、朝鲜、朝国、日本及俄罗斯的远东地区。最东为日本北海道的日高平原(143°E),最南到我国广东省、广西省北部近24°N一带,最西到西藏自治区察隅县(97°E),最北到黑龙江省漠河市(53°N)。纬度横跨29°,经度纵跨46°,海拔范围为0~2 650 m(云南省宁蒗县)。我国野生大豆的分布范围:北界位于黑龙江省漠河市北极村(53°29′N);南界在24°N一线,位于广东省的韶关、广西省的象州;东北到乌苏里江沿岸;黑龙江省抚远市为最东分布地区(135°E);沿海地区从长山岛到舟山群岛,再到海南岛;西北到甘肃省景泰县

(104°E),西南到西藏自治区察隅县(28°N,97°E)。除青海、新疆及海南3省(自治区)外,其他各省(自治区、直辖市)均有野生大豆分布。从气候等方面看野生大豆分布范围,东西向包括海洋性气候和大陆性气候区,南北向包括中温带、南温带、北亚热带、中亚热带,夏至日长13.6~16.9 h,年积温在1 700~6 500 ℃,年降水量在350~2 300 mm。野生大豆的总体分布趋势为在温带分布相对比较密集,特别是在中温带和南温带,而在亚热带分布相对较少。野生大豆株高1.0~5.0 m,基部多分枝,茎缠绕,细弱,蔓生,主茎和分枝分化多不明显;直根系;为羽状三出复叶,小叶薄纸质,呈卵圆形、卵状椭圆形、卵状披针形或线形,长1~10cm,宽1~3 cm,先端尖锐至钝圆,基部近圆形,全缘,两面有绒毛;花为总状花序,腋生,花较小,呈淡紫红色,稀有白色,花呈警钟状,花冠蝶形,旗瓣近圆形;荚果扁而小,呈现圆形或镰刀形,两侧略扁,被有密续毛,成熟后多为灰褐色,内含2~4粒种子,通常具3粒种子,成熟后易开裂。种皮常有泥膜,但有些大粒类型种皮不具泥膜,有的种皮还具有光泽;种子一般为黑褐色,也常出现黄、青、褐及双色种皮,呈长扁圆或肾形,一般长2.5~4 mm,百粒重一般为0.5~8.0 g。目前,国内学者通常提及的野生大豆包括两个类型:一类的百粒重为3.0~8.0 g,通常被称为半野生大豆;另一类则是百粒重在3.0 g以下,被称作野生大豆。一年生野生大豆对土壤要求也不甚严格,在pH值为4.5~9.2的土壤上都可找到生长良好的一年生野生大豆。一年生野生大豆喜光和水分,一般生长在向阳处,匍匐地面生长时枝叶向外伸展以使各部位叶片都能接受阳光,缠绕在伴生植物上时则与伴生植物竞相生长以争夺阳光。一年生野生大豆是典型的短日照植物,对光照长度反应敏感,短日照来临时迅速开花结实。

(二)制定繁殖更新方案

繁殖更新就是当保存种子的生活力和数量降至更新临界值时,取出种子样本来繁殖新种质,以替换原来保存种子的过程。随着贮藏时间的延长及种子保存种类和数量的增加,繁殖更新已逐步成为各种质库的工作重点,包括以下几方面主要内容。

第一,种质库管理人员需根据作物的繁殖特性和遗传特点,制定各作物的适宜繁殖更新临界值标准。因为繁殖更新是一项费时、费力且代价、风险很高的工作,在繁殖更新过程中,种质不仅容易受到异源花粉的污染,而且会发生遗传漂移或漂变,有时还会因受到病虫害和极端天气的危害而造成种子繁殖更新的失败。因此,种质保存要尽可能延长种质更新周期,这样种质发生遗传完整性变化或遗传多样性丧失的风险就会小很多,但贮藏过程中的种子劣变也会引起贮藏种质材料遗传完整性丧失。种质库管理者要在更新过程中基因丧失的危害性和贮藏过程中种子劣变引起种质材料遗传完整性丧失的风险性之间做出选择。FAO推荐,当种子的发芽率降至初始发芽率的85%时,或种子数量减少到低于完成繁殖该物种3次所需的有效繁殖群体量时,就要安排更新。美国长期库规定,种质材料尽可能在种子发芽率降至85%时更新,并规定下列情况下也必须更新:一是根据4次以上的发芽率监测生活力试验曲线,预估发芽率低于65%时;二是对于纯系种子,当最后两次生活力监测平均值低于65%时;三是当活种子数量(纯系或杂交亲本)低于400粒时,而异花授粉品种、合成材料及混合基因型材料则是种子数量少于1 000粒时。种质库管理者可根据FAO推荐标准制定出各作物适宜更新繁殖标准,同时对于一些难繁殖的异花授粉作物、野生材料或特殊遗传材料,适当降低繁殖更新临界值标准是必要的。根据科研人员多年来的研究结果,对于栽培作物的地方品种和育成品种,推荐种子更新发芽率为85%,但最低发芽率临界值不得低于70%。

第二,决定种子是否更新。是否更新种子一般根据其生活力和数量监测结果来确定。若一份种子的监测发芽率或数量低于更新临界值,则需要安排更新。但在实践中,对于已经贮藏了几十年的种子,往往会出现下列情况:如某一批种子,其多数种子监测发芽率高于更新临界值,并且都很接近更新临界值,但少部分已降至更新临界值之下,其偏离幅度不大,这时候是对少数几份低于更新临界值的种子进行更新,还是安排整体进行更新,或是整体继续保存,这都需要管理者做出决策判断。这是因为,如果依据更新发芽率标准,安排对这几份低于更新临界值的种子进行更新即可,但如果按这种方式,这批种子过几年又可能仅需更新几份,这给监测更新安排与管理造成了很大的不便,工作人员的工作量会增加很多,操作过程中也容易出错,并且不符合以"批"为单位的种子监测和繁殖入库管理方式。因此从便于更新管理方面考虑,在实践操作上应以"批"为单位来决策管理,即将整批安排到原产地种植更新,并整批进行重新入库处理。在实践中有时需要在丧失遗传完整性与管理操作人力、物力,以及方便性和可行性上做出抉择,即如何进行平衡决策,这需要管理者根据作物的生活力监测结果、作物遗传特点和贮藏年限等来做出该"批"是否更新的判断,在做出决策判断时征求作物种质资源专家的意见也是很有必要的。

第三,选择更新地点。遵循国内种子回原产地、国外种子到近似生态地点进行更新种植的原则。但在更新实践中,在遵循上述原则的基础上,有必要选择几个非农作物病害疫区的农业气候生态地点,专门作为资源繁殖更新基地,多数种子可安排在这几个地点进行集中繁殖更新,这有利于保证繁殖质量管理。例如,从我国国家库监测结果来看,国外引进小麦在新疆维吾尔自治区进行繁殖,其监测平均发芽率往往高于在其他生态地点繁殖的种子。此外,有时委托协作单位进行种子繁殖更新,对于此种情况,种质库管理人员需与种质繁殖更新技术人员磋商有关繁种的地点(环境)、成株数、种植间距、是否要隔离等因素。

第四,繁殖更新的质量要求。繁殖更新的质量要求一般与入库繁种的质量要求是相同的,主要是对种子数量和初始发芽率等质量要求。管理人员可根据贮藏分发、监测及应用情况对繁殖更新数量和质量提出建议与要求,同时,把此次繁殖更新相关信息输入管理数据库。

第五,更新方案与策略。每个种质库有必要依据各种保存作物的特点和监测情况,制定详细的种子监测更新方案与策略,分年度合理安排种子监测与更新,以确保库存资源得到妥善安全的更新。

第六,依据拟繁殖种质的特征、特性,制定繁殖更新方案。遵循繁殖更新的种质能最大限度地保持原种质的遗传完整性。保证新繁殖种子的数量和质量。

根据对库存种子的生活力和数量、种质圃存植株的生长势的监测结果,确定各年度繁殖更新份数。同时根据供种利用需求量,对需求量大的种质加大繁殖量,最后提出繁殖更新名录。

(三)选择繁殖更新地点

选择繁殖更新地点的原则是应选在没有种植过该作物,或没有种植过与该作物有连作障碍或有交叉感染病毒的作物及其他植物的土地,以确保作物种质资源健康强壮。繁殖更新时应选种质原产地或与原产地生态环境条件相似的地区,能够满足繁殖更新材料的生长发育及其性状的正常表达。试验地应选择地势平坦、地力均匀、形状规整、排灌方便且最少两年未种植该种质资源的田块,远离污染源、无人畜侵扰、无高大建筑物区域,避开病虫害多发区、重发区和检疫对象发生区,同时土质应具有当地土壤代表性。

需要特别注意的是,利用种质库或种质圃保存的种质进行种子繁殖时,不应直接在种质圃地内直接进行种子繁殖,需要选择两年以上未种植该作物的地块,以防圃内植株落粒造成混杂。

(四)准备繁殖更新种子

1. 核对种质及原种取样

核对种质名称、编号、种子特征。从种质库内提取待繁殖更新的种子时应随机取样,以保证繁殖材料的代表性。取繁殖用种时只能取出每份库存材料的部分种子,以防繁殖时种质意外死亡或丢失。

2. 原种发芽率测定

按照10%~15%的抽样比例,抽样检测种子发芽率。播种前测定种子的发芽率,以便确定播种量。发芽率测定方法参照我国《农作物种子检验规程发芽试验》(GB/T 3543.4—1995)执行。

3. 用种量计算

根据抽测发芽率和更新群体确定用种量。为使所繁殖种质能最大限度地保持其遗传完整性,并获得保存和利用所需要种子量,应根据每份种质发芽率、计划繁种量、净度等因素对原种用量进行计算。

计算公式:原种用量 = 计划繁种量/种子发芽率。

4. 编制繁殖更新名录

繁殖更新名录内容包括小区号、种植前编号、库编号、种质名称、繁殖更新量、入库时间、繁殖更新时间等。

5. 繁殖更新分编号

按种质类型对种质进行分类、登记、分装和编号,每份种质一个编号,并在整个繁殖更新过程中保持不变。

6. 原种分装、编号与核对

提取种子时应随机取样,以保证繁殖材料的代表性。按照每份种质的原种用量用小纸袋对其进行分装,小纸袋上要标明种植前编号,袋内要放入小标牌。播种前要对原种进行核对,保证其与提供的繁殖种质名称、库编号相符。

(五)编制繁殖更新数据采集表

播种前编制好繁殖更新数据采集表,采集表内容如下。

(1)繁殖种质基本信息包括种质名称、编号(小区号、种植前编号、库编号)、原产地来源、种质类型,繁殖单位、繁殖时间、生育期、主要特征性状、备注等。

(2)核查的主要性状包括生育期和主要特征性状。

(3)灾害性天气和病虫害发生时间及危害程度。

(4)备注:其他重要说明,如种子霉变、发芽,植株倒伏情况等。

(六)田间设计

(1)小区繁殖群体的确定。繁殖更新群体的大小(株数),应以繁殖后的新种质能最大限度地保持原种质的遗传完整性为原则。在条件允许的情况下应扩大繁殖群体,大于该种质繁殖要求的最低繁殖株数。其中,繁殖株数指每小区剔除四周边行后的收获株数。

(2)小区数。按繁殖更新份数决定,对每份种质设计1个小区,小区按顺序排列。

(3)小区面积。由不同种质繁殖更新要求的群体株数和株行距计算确定。

(4)小区之间留出1行空,每两排小区之间留人行道1 m,以便观察记载。

(5)繁殖田四周应留出2~4行保护行,保护行种植材料应与繁殖更新材料不同属或科为佳。

(6)用地面积计算。依据每份繁殖种质的用地面积(小区面积)和计划繁殖份数(小区数)来计算所需要的总用地面积。计算公式如下:

用地面积 = 小区面积 × 小区数(繁殖份数) + 走道面积 + 水渠面积 + 保护行面积

(7)制作田间繁种种植图。图中应标明南北方向、小区排列顺序、小区号、小区行数和人行道。

(七)田间种植

(1)繁殖田准备

播种前将繁殖田全面翻耕、耙平,达到"齐、平、松、碎、净、墒"。按田间设计要求设置好小区和人行道,达到播种状态。

(2)田间布置

在繁殖更新名录上注明小区号,在小区中插塑料牌,插牌上注明小区号,便于收获。将标有种植前编号的材料分别放在繁殖小区的区牌处。

(3)播种时间

根据种质光温性、熟期性等特性在适宜播种期内进行播种。当耕层土温稳定达到

6~8 ℃时进行播种。

(4)播种密度

一般种植株距为50 cm,便于后期搭建架子。

(5)播种方法

播种前用准备好的插地牌,按顺序插入地面并标出播种小区号,避免种子错位和混杂。按小区号对号放好种子,核对田间种植区号与种子袋上的编号完全一致后进行播种。采用人工开沟,点播。

(八)田间管理

(1)苗期管理

播种出苗后进行除草。作物第一个三出复叶展开后进行间苗、补苗,及时定苗确保苗全。

(2)中耕除草

苗期及时除草,防止杂草抑制小苗的生长。结合除草定期及时进行中耕培土,以疏松土壤、消灭杂草,在作物整个生长季要做到田间无杂草。

(3)花荚期管理

加强花荚期田间管理,争取多花多荚,防花荚脱落。在花期和鼓粒期要适时浇水,防止受旱,以免影响百粒重及产量。

(4)病虫害防治

适期防病,科学治虫。从盛花至结荚、鼓粒期,食心虫、大豆卷叶螟等虫害易发生,如田间有低龄幼虫食的网状和锯齿状叶片出现,要及时用药物防治。

(九)性状调查核对及田间去杂

(1)调查及去杂时期

性状调查核对应在繁殖材料特征性状明显表现时期进行,分别有苗期、花期、鼓粒期和收获期。

(2)核对性状

核对繁殖更新材料的性状并进行观察记载,应遵照"农作物种质资源技术规范丛书"中有关作物种质资源的描述规范和数据标准执行。一般核对繁殖更新材料的花色、绒毛色、叶形、结荚习性、株高等性状是否具有原种质的特征、特性,对不符合原种质性状的材料应查明原因,及时纠正。如果需要在繁种更新的同时对种质性状进行鉴定评价,应按照所设定鉴定项目的要求进行。

(3)田间去杂

繁殖更新种子时,应对不同材料的特征性状进行调查记录与核对,对核对结果进行评价,对个别与原性状不符的混杂株应去除或做记号并按植株变异处理。对与原种质性状完全不符的应查明原因,并采取相应措施。去杂一般是将生育期、花色、绒毛色、叶形、生长习性、结荚习性、株高等主要表型性状与主体类型不一致的个体当作杂株拔除或者标记处理。

(十)收获、脱粒和干燥

(1)收获

对繁殖种子做到适时收获。由于种子成熟期不同,群体又小,一般采取人工收获方式,成熟一份(一个小区)收获一份。对有落粒和裂荚习性或荚果成熟不一致的种质,需要分期分批采收;对落粒性强的种质可在地面铺塑料布收集种子。收获前将已准备好的区号或种质名称标签挂在小区植株上。为每份种质准备一个纱网种子袋,袋口挂上区号或种质名称标签(小区号)。收获时,对每份材料人工拔株,对每个小区在剔除四周边行后全部收获,将收获的植株打捆、挂牌,单独套袋保存,袋口和袋内均要放标签,注明小区号或种质名称和收获时间,之后进行通风晾晒。

(2)脱粒

单独脱粒、精选,防止人工、机械混杂,确保每份更新资源材料的纯度、遗传多样性和遗传完整性。对收获的种质材料及时分开晾晒,防止发霉或发芽。收获材料晾晒干后一般采用手工脱粒。但要特别注意每份繁殖材料脱粒完毕后,须要清扫干净脱粒场地、用具等,防止混杂。按材料单独脱粒并单独装袋。种子袋标签编号须与田间小区编号一致,将脱粒完的种子同标签装入种子袋内,袋内、外各附标签,并再次核实与袋口标签是否一致,达到准确无误,避免写(挂)错标签。

(3)干燥

对脱粒后的种子,应及时晾晒至入库保存所要求的含水量,防止发热变质、老鼠等危害。作物种子入库含水量参照《农作物种质资源保存技术规程》。晾晒方式可以在室内挂藏晾干,也可以直接晒干,但要防止在水泥地面或金属器具上暴晒。对携带虫卵病菌种子,必要时可进行熏蒸处理。

(十一)种子清选与核对去杂

(1)清选

新繁种种子入库前要进行清选,去除杂物、瘪粒、破损粒、病粒、虫蛀粒等。

(2)核对

对照《中国大豆品种资源目录》核对种质籽粒性状。根据原种种子的特征性状,除去不一致的混杂种子。

(十二)种质质量检查

(1)称重

对清选后的种子进行称重,检查是否达到计划繁种量,未达到计划繁种量或入库保存所规定的质量,要求下一年度重新繁殖。

(2)质量检验

参照《农作物种子检验规程 净度分析》(GB/T 3543.3—1995)进行净度检验,繁殖更新种子的净度一般不应低于98%,否则重新进行种子清选处理。

(十三)整理包装与送交入库

(1)整理

按材料编号顺序整理、登记、核对编号。

(2)包装

检验合格的种子按照入库的质量和包装要求,经统一包装后送交入库。如需邮寄的种质种子应避免用纸袋包装。

(3)清单编写

每份种质包装袋外面应标注田间小区号(繁殖更新的种质编号)、统一编号、库编号、种质名称、繁殖单位、繁殖地点、繁殖时间、种子数量、种子质量等信息,同时在种子袋内附上有相同信息的标签。

(十四)数据整理与工作总结

(1)繁殖更新工作结束时,应检查繁殖更新数据采集表中原种质数据有无遗漏。应及时对繁殖过程中所记录的数据进行整理,建立纸质档案,以备核查。

(2)对繁殖更新数据进行汇总、归类、统计、分析,如统计繁殖合格的份数、种子数量不够的份数、性状不符的份数等,并对不合格材料分析原因。对观察的单项数据进行评价,汇总后再进行综合评价。

(3)将数据采集表中采集的全部数据输入计算机,建立繁殖更新种质电子档案和数据库。

(4)将田间调查原始数据采集表、数据统计分析结果、繁殖更新工作总结等资料装订成册并归档。

(5)对本年度繁殖更新工作完成情况、成功经验、有待改进的措施等进行全面总结,形成当年繁殖更新工作报告,以供下一年度繁殖更新工作参考。

三、寒地野生大豆种质圃信息化管理

(一)基本信息

基本信息主要是在种质获得、隔离检疫、试种观察、编目等处理过程中获得的信息,主要包括种质名称、作物名称、统一编号、原保存单位编号、学名、获得日期、种质类型、采集号或引种号、原产地、地理信息、提供者,以及获得种质材料类型和数量、病虫害检疫数据等。

从野外考察、收集获得的主要记载信息包括采集地点、采集地经纬度、作物和种质名称及其他的生境信息。如果是从研究者、育种者或其他种质圃处获得的,记载的种质基本信息包括种质名称、学名、原产地、地理信息、原保存单位编号、采集号或引种号、提供者、种质类型,以及载体类型、数量和状态等。

(二)管理信息

管理信息主要是在种质入圃保存、管理与监测、繁殖、更新复壮及分发等过程中获得的数据,包括以下几个方面。

(1)入保存圃初始信息,如圃编号、圃位号、保存量、株行距等。

(2)监测信息,如生长状况、病虫害、土壤状况、自然灾害等。

(3)更新信息,如更新出圃日期、更新繁殖有效株数、更新方式、更新成株率、更新取样方式等。

(4)分发利用信息,如引种者申请日期、提供日期、引种者姓名、提供量、引种者联系方式、引种者单位、利用目的和利用信息反馈等。

(三)信息化管理

种质圃信息化管理是指将以往利用纸质档案记录保管资源信息转变为档案实体的数字化信息管理,主要是将种质的基本信息和管理信息录入计算机,实现档案信息的数字化和网络化管理。信息化管理系统的主要功能包括数据输入与输出功能、属性数据统计功能、空间数据分析功能、空间数据编辑功能等。

保留种质入圃保存过程中的相关原始纸质记载表,建立原始记录纸质档案,这些档案不仅为种质圃管理提供有价值的参考数据,还为数据库信息核对提供依据。此外,许多处理过程的原始数据是无法全部输入计算机的,因此,建立纸质档案是对计算机化管理的重要补充。

(四)繁殖与收获

繁殖是植物形成新个体的过程,即扩增种子数量的过程。种质库繁殖工作包括新增收集资源初次的繁种入库和保存资源的繁殖更新。繁种前应做好繁种计划,估算出每份所需繁种的种子数量。种子数量估算一般包括入长期库保存、中期库分发,以及品质、抗病虫性、耐逆性鉴定的用量。收获种子后要及时完成考种,并晾干收藏,以防发热霉变而对种子活力造成潜在损害。

繁殖和收获是确保种质材料具有高活力的重要环节。繁种人员和种质库管理人员需注意下面几点:一是在种子达到生理成熟时,应及时加以采收,并进行晾干或干燥处理。二是种子干燥脱水时,尽可能采用晾干处理,避免在阳光下反复曝晒。三是避免将收获的种子在临界安全含水量及缺氧的环境条件下临时贮藏。在室温条件下,若种子含水量处于或高于临界安全含水量(一般为13%),则种子易受到损害。此外,在运输环节,避免在高温、高湿环境条件下进行密封包装托运。四是避免种子机械损伤。种子受损伤后,往往不耐贮藏,假如受损伤的是胚,则后果更严重,故种子清选、脱粒时应尽可能采用人工清选和脱粒。

参考文献

[1] 王连铮,郭庆元.现代中国大豆[M].北京:金盾出版社,2007.

[2] 王岚,王连铮,李斌,等.栽培大豆与野生大豆农艺性状和品质性状的研究[J].大豆科技,2014(6):21-25.

[3] 陈影,张晟瑞,王岚,等.野生和栽培大豆种质油脂组成特点及其与演化的关系[J].作物学报,2019,45(7):1038-1049.

[4] 王岚,孙君明,李斌,等.中国野生大豆和它的近缘的收集、保存和利用[J].大豆科学,2017,36(2):179-186.

[5] 王连铮,吴和礼,姚振纯,等.黑龙江省野生半野生大豆的观察研究[J].中国油料,1980(3):53-58,17.

[6] 王连铮,吴和礼,姚振纯,等.黑龙江省野生大豆的考察和研究[J].植物研究,1983,7(3):116-130.

[7] 陈焱丽,王清连,石明旺,等.野生大豆种子最佳发芽条件研究[J].河南农业科学,2007(3):39-42.

[8] 马爽,宗婷,邵帅,等.野生大豆(*Glycine soya*)光合生理学研究进展[J].吉林农业科学,2012,37(3):7-11.

[9] 金晓飞,曹凤臣,徐丽娟,等.浅谈利用野生大豆创制育种资源和新品种[J].东北农业科学,2017,42(1):12-15.

[10] 刘明,来永才,李炜,等.寒地不同积温带野生大豆表型性状研究[J].大豆科学,2016,35(2):262-269.

[11] 武晶,黎裕.基于作物种质资源的优异等位基因控掘:进展与展望[J].植物遗传资源学报,2019,20(6):1380-1389.

[12] 陈小芳,宁凯,徐化凌,等.野生大豆种质资源及开发利用研究进展[J].农业科学与技术(英文版),2017,18(5):812-817.

[13] 燕雪飞,李建东,郭伟,等.中国野生大豆遗传多样性研究[J].沈阳农业大学学报(社会科学版),2013,15(6):641-645.

[14] 武春霞,杨静慧,胡田梅,等.不同处理对野生大豆发芽的影响[J].天津农业科学,2015,21(2):115-118.

[15] 宣亚南,沈克琴,凌以禄.野生大豆种子贮藏特性的研究[J].种子世界,1990(5):18.

[16] 李向华,王克晶.野生大豆遗传多样性研究进展[J].植物遗传资源学报,2020,21(6):1344-1356.

[17] 朱贝贝,孙石,韩天富,等.中国不同地区野生大豆与栽培大豆生育期长度及结构性状的比较[J].大豆科学,2012,31(6):894-898.

[18] 李福山,舒世珍.中国野生大豆生育期观察研究[J].作物品种资源,1985(1):25-27.

[19] 郭凤霞,王海.野生大豆繁育过程中应注意的几个问题[J].甘肃科技,1998(3):42.

[20] 陈丽娜,方沩,司海平,等.国家农作物种质资源平台服务绩效评价体系构建[J].中国农业科学,2016,49(13):2459-2468.

[21] 卢新雄,辛霞,尹广鹍,等.中国作物种质资源安全保存理论与实践[J].植物遗传资源学报,2019,20(1):1-10.

[22] 董玉琛,刘旭.中国作物及其野生近缘植物:经济作物卷[M].北京:中国农业出版社,2007.

[23] 王芳.繁殖更新过程中影响种质资源遗传完整性变化的因素[J].青海农林科技,2007(4):95-98.

[24] 林红,姚振纯,齐宁,等.大豆优异种质资源的利用与创新[J].植物遗传资源学报,2001,2(3):32-35.

[25] 刘旭,李立会,黎裕,等.作物种质资源研究回顾与发展趋势[J].农学学报,2018,8(1):1-6.

[26] 杨光宇,王洋,马晓萍,等.野生大豆种质资源评价与利用研究进展[J].吉林农业科学,2005,30(2):61-63.

[27] 林红,来永才,齐宁,等.黑龙江省野生大豆、栽培大豆高异黄酮种质资源筛选[J].植物遗传资源学报,2005,6(1):53-55.

[28] 常汝镇,孙建英,邱丽娟.中国大豆种质资源研究进展[J].作物杂志,1998(3):7-9.

[29] 张彩英,张丽娟,段会军,等.大豆种质资源的分类鉴定研究[J].中国油料作物学报,2002,24(1):33-37.

附录　相关地方标准[①]

黑 龙 江 省 地 方 标 准

DB23/T 2026—2017

寒地野生大豆资源性状描述规范

2017－12－22 发布　　　　　　　　　　　　　　　2018－01－22 实施

黑龙江省质量技术监督局　发布

[①] 为保证与相关文件的一致性，本附录不对标准做任何修改。

前　言

本标准依据 GB/T 1.1—2009 编写规则起草。

本标准由黑龙江省农业委员会提出。

本标准由黑龙江省农业标准化技术委员会归口。

本标准起草单位：黑龙江省农业科学院耕作栽培研究所、中国科学院遗传与发育生物学研究所、黑龙江省农业开发评审中心、黑龙江省农业科学院生物技术研究所。

本标准主要起草人：来永才、毕影东、张万科、李炜、刘明、邸树峰、王玲、刘淼、来艳华、李岑。

寒地野生大豆资源性状描述规范

1 范围

本标准规定了一年生野生大豆(*Glycine soja* Sieb. et Zucc.)资源性状描述的术语和定义、生物学特性、品质特性、抗逆性、抗病虫性。

本标准适用于寒地野生大豆资源性状描述。

2 规范性引用文件

下列文件对于本文件的应用是必不可少的。凡是注日期的引用文件,仅注日期的版本适用于本文件。凡是不注日期的引用文件,其最新版本(包括所有的修改单)适用于本文件。

NY/T 3114.1—2017　大豆抗病虫性鉴定技术规范 第1部分:大豆抗花叶病毒病鉴定技术规范

NY/T 3114.2—2017　大豆抗病虫性鉴定技术规范 第2部分:大豆抗灰斑病鉴定技术规范

NY/T 3114.5—2017　大豆抗病虫性鉴定技术规范 第5部分:大豆抗大豆蚜鉴定技术规范

NY/T 3114.6—2017　大豆抗病虫性鉴定技术规范 第6部分:大豆抗食心虫鉴定技术规范

3 术语和定义

下列术语和定义适用于本标准。

3.1

一年生野生大豆

尚未经过人类选择和栽培的大豆属(*Glycine*)一年生草本植物。

3.2

寒地野生大豆

分布于我国北纬43°以北地区的一年生野生大豆。

4 生物学特性

4.1 下胚轴颜色
第一片复叶展开时下胚轴颜色,按绿色、紫色等描述。

4.2 花色
开花当日花瓣的颜色,按白色、紫色等描述。

4.3 花序长短
花序着生点到花序顶端的长度。按短花序:长度<1 cm、中花序:长度1 cm~3 cm、长花序:长度>3 cm描述。

4.4 泥膜
选取同一材料有代表性的种子,观察种皮泥膜的存在情况,按有、无描述。

4.5 粒色
选取同一材料有代表性的种子,观察种皮的颜色,按黄色(黄、黄花、黄绿、黄黑)、绿色(淡绿、绿、绿黑)、黑色(黑绿花、黑褐、黑花、黑斑、黑)、褐色(茶、淡褐、褐、深褐、褐花)、双色(黄底黑花、青底黑花、青底褐花)等描述。

4.6 种皮光泽
选取同一材料有代表性的种子,观察种皮的光泽,按强、中、弱、极弱等描述。

4.7 种皮裂纹
选取同一材料有代表性的种子,观察种子表皮是否天然开裂,按裂、不裂描述。

4.8 粒形
选取同一材料有代表性的种子,观察种子的形状,按圆形、扁圆形、椭圆形、扁椭圆形、长椭圆形、肾形等描述。

4.9 子叶色
选取同一材料有代表性的种子,剥开种皮观察子叶的颜色,按黄色、绿色等描述。

4.10 脐色
选取同一材料有代表性的种子,观察种脐的颜色,按黄色、淡褐色、褐色、深褐色、淡黑色、黑色、蓝色等描述。

4.11 茸毛色
一年生野生大豆成熟时,观察茎秆中上部或荚皮上茸毛的颜色,按灰色、棕色等描述。

4.12 荚皮色
成熟豆荚荚皮的颜色,按灰褐色、黄褐色、褐色、深褐色、黑色等描述。

4.13 荚形

荚皮色变黑、未裂荚时,调查豆荚的形状,按直形、弯镰形、弓形等描述。

4.14 荚宽

测量成熟时豆荚最宽处的宽度,单位为cm。

4.15 裂荚性

观察成熟期豆荚自然开裂的多少及级别,按不裂(所调查豆荚均未自然开裂)、中裂(豆荚自然开裂率≤50%)、易裂(豆荚自然开裂率>50%)等描述。

4.16 叶形

观察植株中部发育成熟的复叶顶小叶的形状,按披针形、卵圆形、椭圆形、圆形、线形等描述。

4.17 叶柄长短

测量成熟叶片叶柄的长度,单位为cm。

4.18 叶色

观察花期植株中部叶片的颜色,按淡绿色、绿色、深绿色等描述。

4.19 生长习性

观察主茎的生长形态,按半蔓生(主茎下部直立中上部细长爬蔓缠绕)、蔓生(茎枝细长爬蔓强度缠绕)等描述。

4.20 主茎

调查花期主茎与分枝的茎粗,确定主茎是否明显,按明显(主茎直径大于分枝直径)、不明显(主茎直径与分枝直径差异不明显)等描述。

4.21 根瘤

花期挖取3株~5株,观察根瘤的着生情况,按有、无描述。

4.22 单株粒数

成熟时,陆续将植株的全部豆荚装入网袋后,脱粒、去杂计数。

4.23 单株粒重

称量单株籽粒的重量,单位为g。

4.24 百粒重

称量100粒成熟籽粒的重量,单位为g。

5 品质特性

5.1 粗蛋白含量

粗蛋白含量,单位为干基(%)。

5.2 11S/7S

籽粒11S球蛋白与7S球蛋白含量的比值。

5.3 过敏蛋白28K

籽粒28K过敏蛋白亚基缺失情况,按有或无描述。

5.4 过敏蛋白30K

籽粒30K过敏蛋白亚基缺失情况,按有或无描述。

5.5 Kunitz型胰蛋白酶抑制剂

籽粒Kunitz型胰蛋白酶抑制剂缺失情况,按有或无描述。

5.6 粗脂肪含量

粗脂肪含量,单位为干基(%)。

5.7 异黄酮含量

异黄酮含量,单位为μg/g。

6 抗逆性

6.1 芽期耐盐性

野生大豆芽期忍耐盐分(1.6% NaCl溶液)胁迫的能力。按耐(相对盐害指数≤20.0%)、较耐(相对盐害指数为20.0%~35.0%)、中耐(相对盐害指数35.0%~65.0%)、较敏感(相对盐害指数65.0%~90.0%)和敏感(相对盐害指数>90.0%)描述。

6.2 芽期耐旱性

野生大豆芽期忍耐干旱(40%聚乙二醇溶液)胁迫的能力。按耐(相对发芽率>95.0%)、较耐(80.0%<相对发芽率≤95.0%)、中耐(65.0%<相对发芽率≤80.0%)、较敏感(35.0%<相对发芽率≤65.0%)和敏感(相对发芽率≤35.0%)描述。

6.3 芽期耐冷性

野生大豆芽期忍耐低温(6℃)胁迫的能力。按耐(种子发芽势>30%)、较耐(20%<种子发芽势≤30%)、较敏感(10%<种子发芽势≤20%)和敏感(种子发芽势≤10%)描述。

7 抗病虫性

7.1 灰斑病抗性

人工接种鉴定条件下,野生大豆植株对灰斑病菌的抗性强弱。按NY/T 3114.2—2017描述。

7.2 花叶病毒病抗性

人工接种鉴定条件下,野生大豆植株对花叶病毒病的抗性强弱。按NY/T 3114.1—

2017 描述。

7.3 疫霉根腐病抗性

人工接种鉴定条件下,野生大豆植株对疫霉菌的抗性强弱。按分抗(R)(发病率≤30%);中间型(I)(30%<发病率<70%)和感(S)(发病率≥70%)3个级别描述。

7.4 大豆孢囊线虫病抗性

人工接种鉴定条件下,野生大豆植株对大豆孢囊线虫病的抗性强弱。按免疫(I)(根系雌虫数为0,植株生长正常);高抗(HR)(0<根系雌虫数≤3.0,植株生长正常);抗(R)(3.0<根系雌虫数≤10.0,植株生长基本正常或部分矮黄);感(S)(10.0<根系雌虫数≤30.0,植株矮小,叶片发黄,结实少)和高感(HS)(根系雌虫数>30.0,植株不结实,干枯死亡)5个级别描述。

7.5 大豆食心虫抗性

自然发病条件下,野生大豆植株对大豆食心虫的抗性强弱。按 NY/T 3114.6—2017 描述。

7.6 大豆蚜虫抗性

人工接虫鉴定条件下,野生大豆植株对蚜虫的抗性强弱。按 NY/T 3114.5—2017 描述。

黑龙江省地方标准

DB23/T 2023—2017

寒地野生大豆资源考察收集技术规程

2017-12-22 发布　　　　　　　　　　　　　　　　2018-01-22 实施

黑龙江省质量技术监督局　发布

前　言

本标准按 GB/T 1.1—2009 编写规则起草。

本标准由黑龙江省农业委员会提出。

本标准由黑龙江省农业标准化技术委员会归口。

本标准起草单位：黑龙江省农业科学院耕作栽培研究所、南京农业大学、黑龙江省农业开发评审中心、黑龙江省农业科学院经济作物研究所。

本标准主要起草人：李炜、来永才、喻德跃、毕影东、刘明、肖佳雷、王玲、邸树峰、刘淼、来艳华、李岑、孙兵。

寒地野生大豆资源考察收集技术规程

1 范围

本标准规定了一年生野生大豆(*Glycine soja* Sieb. et Zucc.)资源考察收集的术语和定义、准备工作、填写考察收集数据信息表、考察方法、收集方法、编号方法、样本临时保管、临时编目和保存。

本标准适用于寒地野生大豆资源考察收集。

2 规范性引用文件

下列文件对于本文件的应用是必不可少的。凡是注日期的引用文件,仅注日期的版本适用于本文件。凡是不注日期的引用文件,其最新版本(包括所有的修改单)适用于本文件。

DB23/T 1397—2010 黑龙江省县级以下行政区划代码

3 术语和定义

下列术语和定义适用于本标准。

3.1

考察收集

对寒地野生大豆资源的分布、原生境和濒危情况进行考察,同时采集样本并记录相关信息。

4 准备工作

4.1 考察地点

确定考察地点和路线,以未进行考察的地区为主。

4.2 考察时间

考察在花期7月~8月和成熟期8月~9月进行,花期考察不采集样本,只记录相关信息,成熟期考察采集样本并记录相关信息。

4.3 物资准备

越野汽车或轿车、地图、全球定位系统(GPS)、照相机、摄像机、采集箱、铁锹、标签、网袋、密封袋、卷尺或卡尺、铅笔等。

5 填写考察收集数据信息表

按照不同的采集点填写信息表,参见附录 A。

6 考察方法

以野生大豆天然分布居群为考察对象,利用 GPS 定位采集点地理坐标并估算居群面积,调查群落结构,记载生境及伴生植物,拍摄或录制考察地点生境、伴生植物等信息。

7 收集方法

以野生大豆天然居群为取样单位,对相同生态环境条件下的居群间隔 2 km ~ 10 km 设置一个采集点,对分布不同生态条件的居群根据地势、土壤、植被、海拔高度等不同情况分别设置采集点。一个采集点随机采集 30 株 ~ 100 株的种子,采种间距 10 m 以上,单株采收,濒危的居群应多采集种子。

8 编号方法

每个居群采集的种子单株分放,记录一个采集编号,由采集年份、采集地市县代码(DB23/T 1397—2010)、顺序号组成。

9 样本临时保管

采集的野生大豆种子按单株装入纱网袋中,及时晾晒、脱粒,防止混杂,防鼠、鸟危害。

10 临时编目和保存

编写"寒地野生大豆资源考察收集名录",内容包括:采集编号、主要特征特性、样本数量、采集地点等。编目后的野生大豆资源要妥善短期保存,次年繁种。

附录 A
（规范性附录）
考察收集数据信息表

表 A.1 考察收集数据信息表

序号	调查项目	调查标准		
1	采集地点			
2	采集日期			
3	采集编号			
4	采集单位			
5	图像采集	生境图片	整株图片	茎、叶、种子图片
6	经度			
7	纬度			
8	海拔高度			
9	生境特征	1 涝洼地　2 沼泽地　3 乱石滩　4 林下　5 林缘　6 林间空地　7 灌丛下　8 山顶　9 山腰　10 山脚　11 田埂　12 田边　13 路旁　14 沟底　15 沙岗　16 溪边　17 湖边　18 草地　19 庭院　20 村边　21 其他		
10	分布方式	1 集中分布　2 片状分布　3 散生　4 零星分布		
11	破坏程度	人为活动或放牧情况对野生豆的破坏程度：1 严重　2 较轻　3 无		
12	采集地受光状况	1 阳光直射　2 部分遮荫　3 完全遮荫		
13	水源情况	采集点距水源的距离：1 无　2 远　3 较远　4 近		
14	土壤类型	1 草甸土　2 暗棕壤　3 白浆土　4 黑土　5 黑钙土　6 沼泽土　7 盐土　8 火山灰土　9 棕色针叶林土　10 栗钙土　11 泥炭土　12 石质土　13 新积土　14 风沙土　15 水稻土		
15	土壤 pH			
16	物种类型	采集点含有其他植物类型：1 乔木　2 灌木　3 杂草		
17	物种名称	采集点其他植物名称：1 蒿　2 柳树　3 草　4 蓼科　5 灰菜　6 苍耳　7 其他		
18	抗逆类型	野生大豆与生长环境适应能力：A 抗旱　B 抗冷　C 抗盐碱		
19	抗病虫性	野生大豆是否有病斑和虫害：A 有　　B 无		
20	无霜期	采集点当年的霜期情况：		
21	有效积温	采集点当年的有效积温：		
22	年降雨量	采集点当年的年降雨量：		
23	缠绕寄主	野生大豆缠绕的植物：1 乔木　2 灌木　3 杂草　4 其他　5 不缠绕		
24	叶形	1 披针　2 卵圆　3 椭圆　4 圆　5 线形		
25	花色	1 紫花　2 白花		

表 A.1(续)

序号	调查项目	调查标准
26	荚色	1 灰褐　2 黄褐　3 褐　4 深褐　5 黑
27	茸毛色	1 灰　2 棕
28	籽粒色	1 黄　2 绿　3 黑　4 褐　5 双色
29	粒形	1 圆　2 扁圆　3 椭圆　4 扁椭圆　5 长椭圆　6 肾形
30	备注	在采集的野生大豆植株根部取土样,编号同野生大豆植株。
31	采集人	

黑龙江省地方标准

DB23/T 2025—2017

寒地野生大豆资源品质和抗逆性鉴定技术规程

2017-12-22 发布　　　　　　　　　　　　2018-01-22 实施

黑龙江省质量技术监督局　发布

前　言

本标准按 GB/T 1.1—2009 编写规则起草。

本标准由黑龙江省农业委员会提出。

本标准由黑龙江省农业标准化技术委员会归口。

本标准起草单位：黑龙江省农业科学院耕作栽培研究所、中国科学院遗传与发育生物学研究所、东北农业大学农学院、黑龙江省农业开发评审中心、黑龙江省农业科学院经济作物研究所。

本标准主要起草人：来永才、张小明、张劲松、毕影东、王玲、李炜、刘淼、刘明、邸树峰、来艳华、李岑。

寒地野生大豆资源品质和抗逆性鉴定技术规程

1 范围

本标准规定了一年生野生大豆（*Glycine soja* Sieb. et Zucc.）资源品质和抗性鉴定的术语和定义、品质特性测定、抗逆性鉴定、抗病虫性鉴定。

本标准适用于寒地野生大豆资源品质和抗性鉴定。

2 规范性引用文件

下列文件对于本文件的应用是必不可少的。凡是注日期的引用文件，仅注日期的版本适用于本文件。凡是不注日期的引用文件，其最新版本（包括所有的修改单）适用于本文件。

GB 2905 谷类、豆类作物种子粗蛋白质测定法

GB 2906 谷类、油料作物种子粗脂肪测定方法

NY/T 3114.1—2017 大豆抗病虫性鉴定技术规范 第1部分：大豆抗花叶病毒病鉴定技术规范

NY/T 3114.2—2017 大豆抗病虫性鉴定技术规范 第2部分：大豆抗灰斑病鉴定技术规范

NY/T 3114.5—2017 大豆抗病虫性鉴定技术规范 第5部分：大豆抗大豆蚜鉴定技术规范

NY/T 3114.6—2017 大豆抗病虫性鉴定技术规范 第6部分：大豆抗食心虫鉴定技术规范

GB/T 26625—2011 粮油检验 大豆异黄酮含量测定高效液相色谱法

3 术语和定义

下列术语和定义适用于本标准。

3.1 品质特性测定

对正式编入目录资源的粗蛋白、粗脂肪、异黄酮含量进行测定。

3.2 抗逆性鉴定

对正式编入目录资源的芽期耐盐性、耐旱性、耐冷性进行鉴定。

3.3 抗病虫性鉴定

对正式编入目录资源的灰斑病、花叶病毒病、孢囊线虫病、大豆食心虫、大豆蚜虫的抗

性进行鉴定。

4 品质特性测定

4.1 粗蛋白含量测定

测定方法按 GB 2905 执行。

4.2 粗脂肪含量测定

测定方法按 GB 2906 执行。

4.3 异黄酮含量测定

测定方法按 GB/T 26625－2011 执行。

5 抗逆性鉴定

5.1 芽期耐盐性鉴定

种子破皮后分成两份放于培养皿的滤纸上，1 份加自来水作为对照，另 1 份加 1.6% NaCl 溶液，(25±1)℃恒温培养。开始 24 h 让水和溶液淹没种子，之后使纱布上有一浅水层或溶液，隔 1 d 用水或同浓度的溶液冲洗 1 次，7 d 后调查发芽率，计算相对盐害指数见公式(1)。

$$PI = \frac{CK - B}{CK} \times 100 \tag{1}$$

式中：

PI——相对盐害指数；

CK——对照发芽率(%)；

B ——品种发芽率(%)。

5.2 芽期耐旱性鉴定

种子破皮后分别放在盛有蒸馏水(对照处理)和 40% 聚乙二醇溶液培养皿的滤纸上(干旱处理)，(25±0.5)℃恒温培养。每天更换滤纸一次，7 d 后调查发芽率，计算相对发芽率见公式(2)。

$$PI = \frac{X}{CK} \times 100 \tag{2}$$

式中：

PI—相对发芽率，单位%；

X—干旱处理发芽数；

CK—对照种子发芽数。

5.3 芽期耐冷性鉴定

种子破皮后放于培养皿的滤纸上，加入小浅层蒸馏水使滤纸保持湿润，放于光照培养箱中 6℃的恒温条件下培养。每天换水一次，10 d 后调查种子的发芽势。

6 抗病虫性鉴定

6.1 灰斑病抗性鉴定

按 NY/T 3114.2—2017 执行。

6.2 花叶病毒病抗性鉴定

按 NY/T 3114.1—2017 执行。

6.3 大豆孢囊线虫病抗性鉴定

塑料钵柱法鉴定：塑料钵柱中装入混匀的病土，每百克风干土的平均孢囊含量30个~50个，适宜湿度下播种，每钵留苗3株，3次重复,感病对照品种为国际常用对照品种Lee。大豆根系显囊盛期，将植株的根系轻轻抖出，逐株观察记录根系上附着的白色雌虫，计算平均数。

6.4 大豆食心虫抗性鉴定

按 NY/T 3114.6—2017 执行。

6.5 大豆蚜虫抗性鉴定

按 NY/T3114.5—2017 执行。

黑龙江省地方标准

DB23/T 2024—2017

寒地野生大豆资源扩繁更新技术规程

2017-12-22 发布　　　　2018-01-22 实施

黑龙江省质量技术监督局　发布

前　言

本标准按 GB/T 1.1—2009 编写规则起草。

本标准由黑龙江省农业委员会提出。

本标准由黑龙江省农业标准化技术委员会归口。

本标准起草单位：黑龙江省农业科学院耕作栽培研究所、南京农业大学、黑龙江省农业开发评审中心、黑龙江省农业科学院经济作物研究所。

本标准主要起草人：李炜、来永才、喻德跃、毕影东、刘明、邸树峰、王玲、刘淼、来艳华、李岑。

寒地野生大豆资源扩繁更新技术规程

1 范围

本标准规定了一年生野生大豆(*Glycine soja* Sieb. et Zucc.)资源扩繁更新技术的术语和定义、准备工作、播种、田间管理、性状调查核对、收获、更新入库。

本标准适用于寒地野生大豆资源扩繁更新。

2 规范性引用文件

下列文件对于本文件的应用是必不可少的。凡是注日期的引用文件,仅注日期的版本适用于本文件。凡是不注日期的引用文件,其最新版本(包括所有的修改单)适用于本文件。

GB/T 3543 农作物种子检验规程

GB 4404.2 粮食作物种子 第2部分:豆类

3 术语和定义

下列术语和定义适用于本标准。

3.1 扩繁

在相同生态条件下,通过田间种植的手段增加资源种子的数量,保持后代遗传完整性和生活力的过程。

3.2 更新

因长期保存或其他原因,导致资源种子发芽率、生命力降低或保存的种子量不足时,通过扩繁产生新一代的种子,替换原来保存种子的过程。

4 准备工作

4.1 扩繁田的选择

选择与材料采集地相同或相近的生态区。

4.2 种子用量

按照扩繁量和发芽率计算每份材料的种子用量,为防止繁殖时材料意外死亡或丢失只取部分种子。

4.3 种子破皮处理

种植前用小刀或指甲钳在种脐背面对种子破皮处理。

4.4 编制扩繁更新数据采集表

内容参见附录A。

5 播种

5.1 播期

5 cm地温稳定通过8℃时播种。

5.2 播种方式

人工播种,穴播。

6 生育期间管理

出苗后根据生长情况设立竹竿搭架协助茎蔓生长,防止单株间互相缠绕,人工除草。

7 性状调查核对

参照原始档案对扩殖更新材料进行性状调查与核对,对与原性状不符的植株应标记变异株。

8 收获

8.1 收获方法

在种子成熟期用尼龙网袋单株套袋。

8.2 脱粒

收获后及时晾晒脱粒。

8.3 清选去杂

去除杂物、病粒、瘪粒、虫蛀粒、破损粒等。

8.4 种子质量检验

对清选后的种子称重检查是否达到计划扩繁量,未达标准的种子下一年度继续扩繁。种子质量应符合 GB/T 3543 和 GB 4404.2 的规定。

9 更新入库

扩繁的种子装入种子袋中,标注资源重量等相关信息,更新种质资源库。

附录 A
（规范性附录）

表 A.1 寒地野生大豆资源扩繁更新数据采集表

名称			寒地野生大豆			扩繁单位									扩繁份数			
扩繁年份						扩繁地点									扩繁注意事项			
种子贮藏方式						种子入库年份									种子干燥方法			
区行号	名称	全国统一编号	提供单位	主要性状核查											核查结果评价	繁殖有效株数	合格种子重量	备注
				播种期	出苗期	成熟期	生长习性	花色	叶形	茸毛色	结荚习性	主茎	荚形	荚皮色	种皮光泽	粒色	粒形	脐色	泥膜	百粒重			

黑龙江省地方标准

DB23/T 2027—2017

寒地野生大豆资源整理技术规程

2017-12-22 发布　　　　　　　　　　　　　　2018-01-22 实施

黑龙江省质量技术监督局　发布

前　言

本标准按 GB/T 1.1—2009 编写规则起草。

本标准由黑龙江省农业委员会提出。

本标准由黑龙江省农业标准化技术委员会归口。

本标准起草单位：黑龙江省农业科学院耕作栽培研究所、南京农业大学、黑龙江省农业开发评审中心、黑龙江省农业科学院经济作物研究所。

本标准主要起草人：毕影东、来永才、喻德跃、李炜、刘淼、刘明、邸树峰、王玲、来艳华、李岑。

寒地野生大豆资源整理技术规程

1 范围

本标准规定了一年生野生大豆(*Glycine soja* Sieb. et Zucc.)资源整理技术的术语和定义、登记、标本种植观察、收获和编目。

本标准适用于寒地野生大豆资源整理。

2 规范性引用文件

下列文件对于本文件的应用是必不可少的。凡是注日期的引用文件,仅注日期的版本适用于本文件。凡是不注日期的引用文件,其最新版本(包括所有的修改单)适用于本文件。

GB/T 3543 农作物种子检验规程

GB 4404.2 粮食作物种子 第2部分:豆类

3 术语和定义

下列术语和定义适用于本标准。

3.1 整理技术

对考察收集的寒地野生大豆资源登记、归类,通过试种观察其主要农艺性状,收获后编目入库保存。

4 登记

包括采集地、采集号、保存单位、主要特征(填写采集时记录的相关信息)、种子数量、接收时间等。

5 标本种植观察

5.1 标本圃地点选择

选择与材料采集地生态类型相同或相近的地区种植。

5.2 标本来源

野外考察收集并经过临时编目的野生大豆种子。

5.3 种植前处理

种植前用小刀或指甲钳在种脐背面对种子破皮处理。

5.4 种植时间和方式

5 cm 地温稳定通过 8 ℃时播种。人工播种,穴播,每份材料种植宜不少于 4 穴,每穴 3~5 粒种子。

5.5 生育期间管理

出苗后根据生长情况设立竹竿搭架协助茎蔓生长,防止单株间互相缠绕,人工除草。

5.6 性状观察

参照自己第一个标准,应重点观察记录出苗期、成熟期、主茎、茸毛色、花色、叶形、粒色、脐色、子叶色、泥膜等。

6 收获

种子成熟期用尼龙网袋单株套袋,脱粒、清选后进行种子外观鉴定,种子质量应符合 GB/T 3543 和 GB 4404.2 的规定。

7 编目

整理标本种植获得的性状数据,按采集地点分类对资源编目,编目信息包括统一编号、采集地、海拔高度、保存单位编号、出苗期、成熟期、主茎、茸毛色、花色、叶形、粒色、脐色、子叶色、泥膜、百粒重、蛋白质、脂肪等。

黑龙江省地方标准

DB23/T 2562—2017

栽培大豆和野生大豆杂交技术规程

2020-01-08 发布　　　　　　　　　　　　　　　　2020-02-07 实施

黑龙江省质量技术监督局　发布

前　言

本标准依据 GB/T 1.1—2009 编写规则起草。

本标准由黑龙江省农业农村厅提出。

本标准由黑龙江省农业标准化技术委员会归口。

本标准起草单位：黑龙江省农业科学院耕作栽培研究所、中国科学院遗传与发育生物学研究所、黑龙江省农业科学院科研处、黑龙江省农业开发评审中心、黑龙江农业科技杂志社、黑龙江省种业技术服务中心、黑龙江省农业科学院生物技术研究所。

本标准主要起草人：毕影东、来永才、喻德跃、李炜、刘明、张万科、刘凯、邸树峰、王玲、刘淼、刘建新、樊超、杨光、来艳华、吴迪、王德强、李岑。

栽培大豆和野生大豆杂交技术规程

1 范围

本标准规定了栽培大豆和野生大豆杂交技术的杂交前准备、亲本播种、田间管理、杂交、杂交植株管理及建立杂交档案。

本标准适用于栽培大豆和野生大豆杂交。

2 规范性引用文件

下列文件对于本文件的应用是必不可少的。凡是注日期的引用文件,仅所注日期的版本适用于本文件。凡是不注日期的引用文件,其最新版本(包括所有的修改单)适用于本文件。

GB 5084　　农田灌溉水质量标准

GB/T 8321　（所有部分）农药合理使用准则

NY/T 496　　肥料合理使用规则通则

NY/T 1276　农药安全使用规范总则

3 杂交前准备

3.1 亲本选择

选择配合力好的栽培大豆为母本,具有所需育种目标性状的野生大豆为父本。

3.2 野生大豆处理

播种前在野生大豆种子籽粒中央背对子脐处,去掉 2 mm×2 mm 大小的种皮后备用。

4 亲本播种

4.1 播种时间

土壤 5 cm 深处地温稳定通过 8 ℃以上即可播种,调整播期使父母本花期相遇。

4.2 播种方式

野生大豆穴播,株距 30 cm,行距 65 cm。栽培大豆点播,株距 10 cm,行距 65 cm。覆土均匀,播后及时镇压,镇压后土层厚度 3 cm～5 cm。

5 田间管理

5.1 除草

人工除草与化学除草相结合,化学除草时农药使用应符合 GB/T 8321 及 NY/T 1276—2007 中的规定,具体用量、使用方法按农药说明书进行。

5.2 灌溉

播种后和开花期遇干旱灌溉,灌溉应符合 GB 5084 的规定。

5.3 病虫害防治

采用预防为主,综合防治为辅的方针,优先使用农业防治、物理防治、生物防治,达到防治指标的情况下必须使用化学防治时,农药使用应符合 GB/T 8321 及 NY/T 1276—2007 的规定。

6 杂交

6.1 杂交时间

选择上午去雄、直接授粉杂交方式,一般在上午开始去雄,同时采集父本花粉,进行授粉,中午杂交工作基本完成。

6.2 母本选择与去雄

在母本中上部选定花蕾后,去除其他不用花蕾,用手轻轻捏住花蕾下部,用镊子撕下花蕾外围萼片,然后用镊子中前部捏住露出的花冠部分,倾向旗瓣方向轻轻提出,将花药同花冠一起取出。确定花药全部取出后,用镊子尖部将余下的花粉丝夹断或取出,观察柱头和花柱是否完好。

6.3 父本选择与花药采集

选摘花瓣未开、龙骨瓣尚未裂开的野生大豆花朵采粉。将采集花朵的萼片摘除,剥开花瓣,露出花药。

6.4 杂交方法

将野生大豆花药轻轻地在栽培大豆柱头上涂抹授粉。

6.5 记录

授粉完毕后,在杂交花的花柄上挂上标签,写明杂交组合代号或名称、授粉日期及操作者姓名,并在工作本上作好记录。

7 杂交植株管理

7.1 杂交果检查

2~3 天后,去掉杂交花上包裹的叶片,1 周后检查成活率,将杂交成功角果旁新长出的花芽去掉。

7.2 杂交粒收获

成熟后,按组合及时收获杂交豆荚,放入挂藏室自然风干脱水。将同一组合的杂交种子连同标签一起装入种子袋中,妥善保存。

8 杂交档案

内容包括:亲本名称、播种时间、生育期、杂交时间、杂交果数量、收获期等。

黑 龙 江 省 地 方 标 准

DB23/T 3193—2022

寒地野生大豆种质资源超低温保存技术规程

2022-05-09 发布　　　　　　　　　　　　2022-06-08 实施

黑龙江省质量技术监督局　发布

前 言

本文件按照 GB/T 1.1—2020《标准化工作导则　第 1 部分:标准化文件的结构和起草规则》的规定起草。

请注意本文件的某些内容可能涉及专利。本文件的发布机构不承担识别专利的责任。

本文件由黑龙江省农业农村厅提出。

本文件起草单位:黑龙江省农业科学院耕作栽培研究所、黑龙江省农业科学院牡丹江分院。

本文件主要起草人:来永才、毕影东、樊超、李炜、刘淼、邸树峰、王玲、刘建新、梁文卫、杨光、刘凯、任洋、侯国强、来艳华、李岑、夏天舒、谢婷婷、孙兵、李佳锐、王燕平。

寒地野生大豆种质资源超低温保存技术规程

1 范围

本文件规定了寒地野生大豆种质资源超低温保存技术的术语和定义、仪器设备、种子处理、种子包装、超低温保存、贮藏管理和技术档案。

本文件适用于野生大豆种质资源的超低温长期保存。

2 规范性引用文件

下列文件中的内容通过文中的规范性引用而构成本文件必不可少的条款。其中,注日期的引用文件,仅该日期对应的版本适用于本文件;不注日期的引用文件,其最新版本(包括所有的修改单)适用于本文件。

GB/T 3543.4　农作物种子检验规程　发芽试验

GB 4404.2　粮食作物种子　第2部分:豆类

GB/T 5458　液氮生物容器

GB/T 7414　主要农作物种子包装

GB/T 7415　农作物种子贮藏

GB/T 14174　大口径液氮容器

GB 21551.4　家用和类似用途电器的抗菌、除菌、净化功能　电冰箱的特殊要求

NY/T 2126　草种质资源保存技术规程

3 术语和定义

下列术语和定义适用于本文件。

3.1 超低温保存

在液氮液相(-196 ℃)或液氮雾相(-150 ℃)中对植物种子等材料进行长期保存,在适宜条件下解冻可恢复活力,并保持原来遗传特性。

3.2 寒地野生大豆

指分布于东北亚地区的一年生野生大豆(*Glycine soja* Sieb. et Zucc.)。

4 仪器设备

4.1 仪器工具

进行种子解剖、脱水、含水量测定和种子活力检测的仪器与工具等,如医用剪刀、镊

子、培养皿等。

4.2 冰箱

普通 -20 ℃的冰箱或冰柜和 -80 ℃的冰箱,冰箱技术指标符合 GB 21551.4 的要求。

4.3 液氮罐

采用液态氮冷冻的储藏罐、操作罐和专用运输罐,液氮容器的技术要求和检验规格按 GB/T 5458 的规定执行。

5 种子处理

5.1 资源编目

将种质资源统一编号并填写信息,包括省内统一编号、名称、保存单位及编号、采集地、学名、备注等。

5.2 种子清选

清选后每份资源保存种子至少 3 000 粒,质量应符合 GB 4404.2 的要求。

5.3 初始活力检测

采用发芽试验法测定种子活力,初始发芽力检测用种量采用 75 粒～150 粒,3 个～4 个重复(每个重复 25 粒～50 粒),种子做破皮处理,种子发芽试验按 GB/T 3543.4 的规定执行。

5.4 种子干燥

采用热空气干燥法干燥种子,含水量达 8%,干燥程序按 NY/T 2126 的规定执行。

6 种子包装

6.1 包装材料

采用铝箔袋包装,应符合 GB/T 7414 的要求。

6.2 包装条件

包装间应保持温度 20 ℃～25 ℃、相对湿度 20%～30%,每份种子 1000 粒,需在 3 h 内包装完毕,并核对种子名称及编号,包装标识按 GB/T 7414 的规定执行。

7 超低温保存

7.1 预降温处理

采用逐级降温法保存材料,0 ℃预处理后,逐级通过 -10 ℃、-20 ℃、-30 ℃、-40 ℃、-80 ℃,每级温度处理停留 10 min。

7.2 液氮保存

降温处理后的材料放入贮藏专用格件,放入盛有液态氮(-196 ℃)的大口径液氮罐中,每20份材料一罐,液氮容器应符合GB/T 14174的要求。

7.3 液氮补充

待液氮挥发至专用格件上部10 cm时,沿罐口缓慢补充液氮,直至充满。

8 贮藏管理

8.1 液氮罐贮藏

液氮罐放入低温种子仓库存放,并记录液氮罐编号及入库时间,低温种子仓库应符合GB/T 7415的要求。

8.2 保存期内活力检测

对入库贮藏种子的活力每隔12个月进行检测,按5.3操作进行。

8.3 监测预警

根据监测种子活力检测结果,发芽率低于60%时提出监测预警,提示繁殖更新。

8.4 种子取出

取出需要解冻的种子包,采用逐级升温法使材料恢复常温,−80 ℃预处理后,逐级通过−40 ℃、−30 ℃、−20 ℃、−10 ℃、0 ℃,每级温度处理停留10 min,直至常温。

8.5 供种分发

提供种质资源时,需附上样品的采集地、农艺性状、品质性状等背景信息。管理人员应把种质分发时间、数量、接受者姓名、地址等数据归档。

9 技术档案

应建立完善的技术档案,内容包括:仪器设备、种子处理、种子包装、超低温保存、贮藏管理。

黑 龙 江 省 地 方 标 准

DB23/T 3194—2022

寒地野生大豆种质资源原产地生物多样性
监测技术规程

2022－05－09发布　　　　　　　　　　　2022－06－08实施

黑龙江省质量技术监督局　发布

前　言

本文件按照 GB/T 1.1—2020《标准化工作导则　第 1 部分:标准化文件的结构和起草规则》的规定起草。

请注意本文件的某些内容可能涉及专利,本文件的发布机构不承担识别专利的责任。

本文件由黑龙江省农业农村厅提出。

本文件起草单位:黑龙江省农业科学院耕作栽培研究所。

本文件主要起草人:毕影东、刘淼、来永才、李炜、刘建新、邸树峰、王玲、樊超、梁文卫、杨光、刘凯、任洋、侯国强、来艳华、李岑、孙兵、谢婷婷、夏天舒、李佳锐。

寒地野生大豆种质资源原产地生物多样性监测技术规程

1 范围

本文件规定了寒地野生大豆种质资源原产地生物多样性监测技术的术语和定义、样地与样方设置、生境监测、种群结构监测、种群动态监测、物候期监测、生物多样性评价、数据管理和监测报告撰写。

本文件适用于寒地野生大豆种质资源原生境保护生物多样性监测。

2 规范性引用文件

下列文件中的内容通过文中的规范性引用而构成本文件必不可少的条款。其中,注日期的引用文件,仅该日期对应的版本适用于本文件;不注日期的引用文件,其最新版本（包括所有的修改单）适用于本文件。

GB/T 4797.1　环境条件分类　自然环境条件　温度和湿度
GB/T 4797.5　环境条件分类　自然环境条件　降水和风
GB/T 14467　中国植物分类与代码
GB/T 17296　中国土壤分类与代码
HJ 9　生态环境档案著录细则
HJ 623　区域生物多样性评价标准
HJ 710.1　生物多样性观测技术导则　陆生维管植物
NY/T 1310　农作物种质资源鉴定技术规程　豆科牧草
NY/T 1669　农业野生植物调查技术规范
NY/T 2216　农业野生植物原生境保护点　监测预警技术规程
NY/T 3757　农作物种质资源调查收集技术规范

3 术语和定义

下列术语和定义适用于本文件。

3.1 寒地野生大豆

指分布于东北亚地区的一年生野生大豆（*Glycine soja* Sieb. et Zucc.）。

3.2 种群

指同一时间生活在一定自然区域内,同种生物的所有个体。

3.3 生物多样性

指所有来源的活的植物体中的变异性,包括目标植物和其生态系统所构成的生态综合体等,包含目标物种内部、物种之间和生态系统的多样性。

4 样地与样方设置

在寒地野生大豆分布的主要地点设置永久固定监测样地,取样方法按照 NY/T 1669 执行。

5 生境监测

5.1 生态环境

包括寒地野生大豆原产地的气候类型、土壤类型、地形地貌和人为干扰活动情况。气候类型描述符合 GB/T 4797.1 和 GB/T 4797.5 的要求,土壤类型描述符合 GB/T 17296 的要求,地形地貌描述以及人为干扰活动情况调查按 HJ 710.1 的规定执行。

5.2 伴生植物

包括伴生植物的种类、数量和生物学特性调查,调查方法按 NY/T 1310 执行,伴生植物种类描述应符合 GB/T 14467 的要求。

6 种群结构监测

包括寒地野生大豆的种群形态特征、种群数量、种群密度、种群覆盖度调查,调查方法按 NY/T 1669 规定执行。

7 种群动态监测

包括寒地野生大豆种群的多样性动态及预警监测信息调查,调查方法按 NY/T 2216 规定执行。

8 物候期监测

包括寒地野生大豆的出苗期、开花期、结荚期、成熟期调查,调查方法按 NY/T 3757 规定执行。

9 生物多样性评价

9.1 寒地野生大豆物种丰富度

根据监测样地中寒地野生大豆与伴生植物的数量,计算寒地野生大豆数量占所有植物数量的百分比,即得到寒地野生大豆物种丰富度。物种丰富度计算公式如下:

$$SR = \left[\frac{Na}{(Na + Nb)}\right] \times 100\% \tag{1}$$

式中:

SR——寒地野生大豆物种丰富度;

Na——各样方中寒地野生大豆个体数量平均数,单位为株;
Nb——各样方中所有伴生植物总数量平均数,单位为株。

9.2 生物多样性分析

通过计算生物多样性指数进行生物多样性分析,计算方法及分析方法按 HJ 623 规定执行。

10 数据管理

原始数据按附录 A 的格式采集,应符合 HJ 9 要求。

11 监测报告撰写

监测报告参考附录 B 的内容撰写。

附录 A
（规范性）
寒地野生大豆资源原产地生物多样性监测表

寒地野生大豆资源原产地生物多样性监测表参见表 A.1。

表 A.1 寒地野生大豆资源原产地生物多样性监测表

中文名称（种名）		拉丁名		编号	
所在地点	省(自治区)	市	县	乡(镇)	村
地理位置	东经(°/′/″)		北纬(°/′/″)		海拔(m)
分布面积(m^2)			种群数量		
气候类型					
地形地貌					
伴生植物		种类			生物学特征
	乔木	灌木	草本	乔木	灌木	草本
种群结构	种群数量		种群密度		种群覆盖度	
形态特征						
物候期	出苗期		开花期	结荚期		成熟期
备注						

监测人：_____；监测日期：_____年_____月_____日；审核人：_____。

附录 B
（资料性）
生物多样性监测报告撰写内容

B.1 封面

包括报告标题、编写单位及编写时间等。

B.2 报告目录

一般列出二到三级目录。

B.3 正文

包括：

a) 前言；

b) 监测区概况；

c) 监测对象；

d) 监测方法；

e) 监测结果；

f) 评价结论；

g) 意见和建议。

B.4 参考文献

按照 GB/T 7714 的规定执行。

B.5 附录或附表

根据实际需要填写。